教育部人文社会科学研究
规划基金项目（22YJA630123）资助

人 才 是 第 一 资 源

顺应新质生产力
发展要求的
技能人才创造力培养路径研究

周晓雪　著

人民交通出版社

北 京

内 容 提 要

本书聚焦技能人才这一职业群体,在心理所有权和资源保存理论的框架下,构建并验证在我国新时代背景下,技能人才职业使命感五维度内容结构模型,并提出测量方法,丰富了职业使命感的本土化理论研究。全书共8章,从研究背景、理论基础、实现路径、理论模型构建、职业使命感程度分析等方面,对技能人才创造力培养路径进行全面阐释。

图书在版编目(CIP)数据

顺应新质生产力发展要求的技能人才创造力培养路径
研究/周晓雪著. — 北京:人民交通出版社股份有限
公司, 2025. 6. — ISBN 978-7-114-20528-6

Ⅰ. G316

中国国家版本馆 CIP 数据核字第 2025EX7570 号

Shunying Xinzhi Shengchanli Fazhan Yaoqiu de Jineng Rencai Chuangzaoli Peiyang Lujing Yanjiu

书　　名:顺应新质生产力发展要求的技能人才创造力培养路径研究
著 作 者:周晓雪
责任编辑:齐黄柏盈
责任校对:龙　雪
责任印制:张　凯
出版发行:人民交通出版社
地　　址:(100011)北京市朝阳区安定门外外馆斜街3号
网　　址:http://www.ccpcl.com.cn
销售电话:(010)85285857
总 经 销:人民交通出版社发行部
经　　销:各地新华书店
印　　刷:北京市密东印刷有限公司
开　　本:720×960　1/16
印　　张:11.75
字　　数:170千
版　　次:2025年6月　第1版
印　　次:2025年6月　第1次印刷
书　　号:ISBN 978-7-114-20528-6
定　　价:88.00元
(有印刷、装订质量问题的图书,由本社负责调换)

顺应 **新质
生产力**
发 展 要 求 的
技能人才创造力培养路径研究

谨以此书致敬
在匆匆岁月中不懈追求的奋斗者！

作者简介

　　周晓雪,山东济南人,管理学博士,现为国家高端智库可持续交通创新中心研究员、北京交通大学国家交通发展研究院院长助理,硕士生导师。2010年通过中央机关公务员考试,被铁道部录用。2013年,国务院机构改革撤销铁道部后到交通运输部工作。长期从事交通运输政策理论研究,负责交通运输部主要领导文稿保障工作,曾担任评论员文章"焦蕴平"主笔,起草各类重大会议文稿500余篇。2022年,工作调动到北京交通大学,从事智库管理、教学科研工作,开展全球可持续交通研究、海外交通智库研究以及新质生产力、综合交通运输理论、智慧物流等相关领域研究,发表多篇核心期刊文章,累计承担教育部、交通运输部、国务院国有资产监督管理委员会等的省部级课题30余项。

　　电子邮箱:xxzhou@bjtu.edu.cn。

人才是第一资源。

技能人才是支撑中国制造、中国创造的重要力量,是加快培育发展新质生产力、推动高质量发展、全面建设社会主义现代化国家的生力军。各类技能人才活跃在生产一线和创新前沿,肩负着推动经济高质量发展、提高人民美好生活品质、实现强国之路的历史使命和时代要求。截至 2023 年 9 月,我国技能人才总量已超 2 亿人,占就业人员总量的 26% 以上;高技能人才超过 6000 万人。

2008 年 5 月,时任国家副主席习近平指出,要"坚持用宏伟事业感召人才"❶。在管理实践中,多数技能人才可以按部就班完成既定任务,但创新创造力缺乏,这与实施创新驱动发展战略、构建现代化产业体系的人才需求相比仍有差距。加强技能人才队伍的建设,就是要激活技能人才创新创造活力。职业使命感为解决该管理问题提供了全新视角。职业使命感是超越自我的使命感知,将利他价值观和目标作为首要动机,以职业与人生目的和意义相关联的方式实现个体的职业角色。已有研究发现,在创造力的形成阶

---

❶ 《习近平在青年科技创新创业人才座谈会上强调 青年科技人才要勇做创新先锋》,《人民日报》2008 年 5 月 5 日。

段,职业使命感能够增强技能人才在工作场所中对于创新活动的投入程度和思维的活跃性,充分激活组织内生资源,有效排除冗余信息的获取和传递,形成有利于创新的组织内部生态环境。发展新质生产力对技能人才的知识和技能提出更高要求。技能人才肩负着特殊的新旧动能转换、实现经济高质量发展和提高人民美好生活的历史使命。初心如磐,使命在肩。要培养更多高素质技术技能人才、能工巧匠、大国工匠,走技能强国之路,亟须在新质生产力理论的引领下,积极提升技能人才职业使命感,推动这一职业群体实现创新转型。

然而肩负着新旧动能转换责任的技能人才的职业使命感是否具有新内涵?其特点是否具有独特性?技能人才的职业使命感是否会对其创造力产生积极影响?其内在作用机制是什么?要回答这一系列问题,迫切需要深入研究技能人才职业使命感的内涵和特征。同时,以职业使命感为牵引,探索技能人才创造力的提升路径。

本书聚焦技能人才这一职业群体,在心理所有权和资源保存理论的框架下,构建并验证在我国新时代背景下,技能人才职业使命感五维度内容结构模型,并提出测量方法,丰富了职业使命感的本土化理论研究。本书共8章,第1章为绪论,主要包括研究背景、研究意义、主要内容及架构,说明研究思路、研究方法以及创新点。第2章为技能人才顺应新质生产力发展要求的理论基础,简述新质生产力理论,并以心理所有权理论和资源保存理论为研究基础,对职业使命感、心理所有权、人-组织匹配、创造力等研究进行全面系统的文献综述。第3章为技能人才顺应新质生产力发展要求的实现路径构想,系统梳理了国内外相关领域研究理论观点,界定了研究对象技能人才的概念。同时,基于新时代背景以及技能人才工作特点,根据新质生产力理论,提出整体研究构思。第4章为技能人才职业使命感的理论模型构建,根据新质生产力发展要求,遵循量表开发的理论和方法,开发了技能人才职业使命感量表。第5章为不同技能人才的职业使命感程度分析,在第4章的基础上,推演出我国技能人才职业使命感的内容结构及其对技能人才创造力影响的理论模型,并提出研究假设,进行技能人才职业使命感人口统计学差异比较研究。第6章为技能人才职业使命感提升创造力的直接效应,采取大样本调查研究方式,通过回归分析和结构方程分析,探讨新时代技能人才职业使命感对其创造力的直接影响。第7章为技能人才职业使命感提升创造力的作用机制,采取大样本调查研究方式,通过结构方程分析、层次回归分析以及 Bootstrap 检验等方法,探讨新时代技能人才职业使命感对其创造力的影响作用以及影响机制,即心理所有权的中介作用、人-组织匹配的调节作用,此外还将探讨有调节的中介作用。第8章为结论与展望,阐明研究的主要结论,提出对于管理的启示与建议,在此基础上,对研究过程中存在的局限与不足进行说明,并展望了未来的研究方向。

本书开展的系列研究,试图将技能人才职业使命感与创造力联系起来,揭示了在我国新时代背景下,技能人才职业使命感对创造力的直接影响,深化了职业使命感与创造力关系的研究,拓宽了职业使命感的研究领域。从实践角度,有助于企业等组织从新的理论视角提升技能人才创造力。

值得注意的是,作为一个新兴的领域,职业使命感的研究还在不断丰富和发展,依然处于研究探索和理论构建阶段,结合中国本土情境的研究更是十分缺乏。我们的研究还存在一定的局限性。例如,仅采用横截面数据,缺乏对变量动态性的关注,在未来的研究中,可以采用更加动态的数据收集方式,如利用不同时间节点、不同的职业阶段进行数据收集。又如,职业使命感的结果变量不能仅停留在个体层面,应该是复杂、多层次的,未来需要强化对使命感的跨层次研究,从个体、团队、组织等层面全面剖析职业使命感的产生来源以及影响因素。

本书的出版得到教育部人文社会科学研究规划基金项目(22YJA630123)的资助,在此表示感谢。期待以书会友,共同探讨顺应新质生产力发展要求的技能人才队伍建设问题。

谨以此书致敬在匆匆岁月中不懈追求的奋斗者!

周晓雪

2025年5月

顺应 **新质**
生产力
发展 要 求 的
技能人才创造力培养路径研究

Contents 目录

顺应 新质
生产力
发 展 要 求 的
技能人才创造力培养路径研究

1
———

绪　　论

1.1 发展新质生产力对技能人才提出新要求

生产力是人类社会发展的根本动力,也是一切社会变迁和政治变革的终极原因。2023年9月,习近平总书记创造性地提出了"新质生产力"这一全新概念。新质生产力是创新起主导作用,摆脱传统经济增长方式、生产力发展路径,具有高科技、高效能、高质量特征,符合新发展理念的先进生产力质态。它由技术革命性突破、生产要素创新性配置、产业深度转型升级而催生,以劳动者、劳动资料、劳动对象及其优化组合的跃升为基本内涵,以全要素生产率大幅提升为核心标志,特点是创新,关键在质优,本质是先进生产力。

新质生产力的"新"主要体现为劳动者、劳动资料和劳动对象三种生产要素的升级。我国以实体经济为支撑,需要大量专业技术人才,需要大批大国工匠。技能人才是支撑中国制造、中国创造的重要力量,是加快培育发展新质生产力、推动高质量发展、全面建设社会主义现代化国家的生力军。我国跻身世界制造业第一大国,制造业总体规模连续15年保持全球第一,成为全球增长的最大引擎,离不开技能人才的智慧与拼搏、担当与奉献。可以说,新时代技能人才就是新质生产力的一部分。根据人力资源和社会保障部的数据,近年来,我国技能人才总量已超2亿人,占就业人员总量的26%以上,高技能人才超过6000万人,占技能人才的比例约为30%;技能型人才缺口高达2000万人左右。根据《中华人民共和国职业分类大典》、技能人才相关政策文件及学术研究的定义,新时代技能人才是指一线生产岗位和一线商业服务岗位中获得国家职业资格证书的劳动者,包括高级技师、技师、高级工、中级工和初级工,其中高级技师、技师和高级工为高技能人才。高技能人才是具有高超技艺、精湛技能,能够进行创造性劳动,并对社会作出贡献的人。

当前,发展新质生产力对技能人才的知识和技能提出更高要求。一是更加突出创新性。创新起主导作用是发展新质生产力的关键要素。持续提升人才创新素质,是形成新质生产力的最本质要求。具体到交通运输行业,交通运输人才队伍是推动交通运输科技创新转化为新质生产力的主体力量。发展交通运输领域新质生产力,关键是要打造一支想创新、敢创新、能创新的交通运输人才队伍。二是更加突出战略性。要求将人才作为实现民族振兴、赢得国际竞争主动的战略资源,推动人才高质量发展,形成人才新质态,为新质生产力提供坚实战略支撑。三是更加突出高水平。高技能人才是新质生产力的关键环节,他们能够将先进的科技理念、方法、技术应用到具体的产业和产业链上,推动产业结构优化升级,提升产业的国际竞争力,为新质生产力提供智力支撑,为高质量发展提供质量保障。四是更加突出数字化。随着新质生产力的发展,劳动者、劳动资料、劳动对象及其优化组合得以跃升,在新旧产业能级转换过程中,颠覆性技术和前沿技术催生新产业、新模式、新动能、新职业,迫切需要适应数字经济、智慧经济发展的劳动者。尤其是当下,部分关键核心技术"卡脖子"的问题仍未解决,基础科学领域的重大原创成果匮乏、拔尖领军型人才的培养问题仍然存在。

在管理实践中,技能人才的创造力主要体现在对生产工艺、操作过程的持续改进和优化,以及提出解决实际问题的全新方法等方面。技能人才创造力是产业技术创新及竞争优势的重要源泉,同时也是影响组织效能和组织生存的重要因素,更是高素质技能人才的必备要求之一。然而,目前技能人才队伍不稳定,创造力也普遍缺乏,这与实施创新驱动发展战略、构建现代化产业体系的人才需求相比存在差距。此外,企业的待遇低、地位低,缺乏劳动获得感及荣誉感。教育分流导致技能人才从业者形成自卑感,技能人才工作被认为是体力活,收入不高,不够体面,社会中又普遍缺乏对于技能人才工作的认同和尊重,造成了技能人才较低的职场地位。科技迅猛发展在带来生活工作便利的同时,也出现了一些如内卷、急功近利、浮躁、"躺平"等不良思想倾向,对我国技能人才创造力或多或少产生了负面影响,他们难以深耕本职工作、形成并展现创造力,更难成为"大国工匠"。以上因素使得就业者不愿意从事技能型工作,技能人才严重缺失,培养技能人才的体系也很匮乏,与实施创新驱动发展战略、构建现代化产业体系的人才需求相比仍有差距,更谈不上创造性开展工作。

一个时代有一个时代的主题,一代人有一代人的使命。要坚持用事业感召人才。在管理实践中,加强技能人才队伍的建设,归根结底就是要激活技能人才创新创造活力。职业使命感为解决该管理问题提供了全新视角。"使命"一词在英文中是"calling",最早起源于宗教领域,在《圣经》中最先有了对使命的描述。欧洲宗教改革运动期间,马丁·路德将使命这个词用来指大众也感受到了上帝的召唤力量。马克斯·韦伯在《新教伦理与资本主义精神》一书中,从基督教的角度探讨了对职业的看法,并将日常的职业与基督教中天职的概念联系起来。随着经济社会的发展,到了20世纪80年代,美国社会学家Bellah等将普通工作者的工作价值取向分为工作、职业和使命感三种取向。

近年来,学界掀起了研究职业使命感的热潮。职业使命感是西方职业心理学中的一个概念,它为职业决策、职业选择和职业发展等研究领域提供了新的视角。有学者认为职业使命感是指个体会将从事的某些工作视为自己的人生目标,也有学者认为职业使命感是对从事的职业具有非常高程度的热爱,并且可以体会到很强的意义感。Zhang通过对684名中国大学毕业生在毕业前1周和毕业后6个月的调查,发现了5种不同类型的职业使命感:强烈的未开发的使命感、中等程度未开发的使命感、卓越型使命感、高等级卓越型职业使命感和一般的使命感。无论如何定义,职业使命感都有一个共同特点,那就是在工作选择或发展上,具有职业使命感的人们不再单一追求经济方面的激励或者职位方面的提升,而是更强调个人核心价值、意义感和目标感、自我表达以及社会贡献性等。他们会在这份工作中体会到内在的乐趣以及自我价值实现。因此,人们在寻找一份工作时,不仅仅是找一个可以养家糊口的"饭碗",更想找到属于自己的使命感。

学术界针对职业使命感的研究主要聚焦于两个方面,一是研究职业使命感对于工作态度、组织行为等行为方面的影响,二是研究职业使命感对于心理因素的影响,比如具有职业使命感的个体会认为自己的工作很有意义,工作中会带有强烈的目标意愿去贡献力量,对工作态度、工作行为、心理状态和幸福感等产生显著影响。职业使命感会产生很多积极影响,尤其是带来内驱动力的提升,被视为另外一个工作动机,从而产生更多创新行为。针对职业使命感的研究群体,也主要集中于大学生、教师、公务员等具有公益属性的职业。

我国在世界产业转移中,曾经扮演过"世界工厂"的角色。依靠人口红利,我国承接了大批劳动密集型的加工制造业,而随着产业革命的发展,更需要产业转型、技术创新。立足新发展阶段、贯彻新发展理念、构建新发展格局,推动高质量发展,迫切需要新旧动能转换。推动经济社会高质量发展,需要培养更多高技能人才和大国工匠。技能人才肩负着特殊的新旧动能转换、实现经济高质量发展和提高人民美好生活的历史使命和时代要求。在管理实践中,如何更加有效地管理、激励和培养技能人才,从而让他们能够更好地提升创造力,潜心钻研技艺、改进工艺和生产流程、提升生产效率,已成为现实的产业转型、高质量发展的一个重要课题。

从职业使命感的角度进行研究,为解决这一管理问题提供了一个全新的切入点。在推崇创新、弘扬工匠精神的新时代,产业需要创新,创新来源于技能人才,尤其是来源于心怀职业使命感的技能人才。研究发现,在创造力的形成阶段,职业使命感能够增强技能人才在工作场所对于创新的投入程度和思维的活跃性,充分激活组织内生资源,促进非冗余信息的获取和传递,形成有利于创新的组织内部生态环境。那么,在新时代背景下,肩负着特殊的新旧动能转换责任的技能人才的职业使命感是什么? 其内涵又是什么?同时,有研究认为,较高职业使命感能够促进个体的积极情感,改变个体的思维方式,触发新的思考,促进创新思路不断完善,有利于创意之间的整合和实现。但是,对我国新时代背景下的技能人才而言,该结论是否正确? 其中的作用机制是什么? 理论依据又是什么? 针对以上问题的研究也十分匮乏,有待深入探索。

1.2 研究意义

1.2.1 理论意义

正如哲学意义的矛盾的普遍性和特殊性,职业使命感也存在两种研究取向:一是一般意义的职业使命感,并不针对某个具体职业;二是针对某类明确职业的使命感。技能人才是一个变化的概念,在不同的历史时期、不同的社会经济形态,有不同的概念界定。查阅资料发现,在职业使命感的研究中,并没有关注到技能人才这一群体。随着以数字化、网络化、智能化技术等为特征的新时代的到来,技能人才的工作也逐渐成为技术更加密集、知识更加多样化和更加强调创新思维的高附加值工作,同时也对技能人才提出了更高的要求。他们面对新的工作要求,更需要有创造力。而职业使命感可以认为是一种工作动机,可以激发技能人才的创造力。

本书以技能人才为研究对象,构建技能人才职业使命感理论,探讨职业使命感对技能人才创造力的作用机制。

具体而言,本书具有以下几个方面的理论意义:

(1)结合新时代和中华传统文化的特点,构建了我国技能人才这一特殊群体的职业使命感的结构,并开发了其量表。

职业使命感因时代、文化以及具体群体的不同而不同。新的时代有新的使命,不同的文化氛围下,职业使命感也不同,不同的职业类型,其职业使命感也不同。当前关于职业使命感的研究大多数基于西方文化背景,很少有中国文化背景下关于职业使命感的理论研究,也没有体现新时代的特点。同时,技能人才是推动我国先进生产力发展和社会全面进步的重要力量,以往也没有对技能人才这个特殊群体的职业使命感进行过研究。因此,结合我国新时代的特点,以及中华传统文化特点和技能人才的工作特征,构建技能人才职业使命感模型,并且开发出适应中国文化背景的具有新时代特点的技能人才职业使命感量表,具有巨大理论研究价值。本书内容将有助于

(2)揭示了我国技能人才职业使命感对其创造力的影响及其影响机制,探讨了职业使命感与技能人才个体创造力之间的关系。

探索职业使命感对于个体创造力影响机制中的"黑箱"问题,一直是职业使命感研究的重点,也是本书撰写的重要目标之一。现有研究表明,职业使命感对创造力的影响机制,随着职业不同而不同。技能人才是一个人数众多,对国家竞争力提升和高质量发展具有重要影响的群体,研究技能人才的职业使命感对其创造力的影响及其影响机制,对于提升技能人才的职业使命感从而促进其创造力提升,具有重要的理论指导价值。

(3)将心理所有权理论和资源保存理论引入技能人才职业使命感研究,拓展了两个理论的应用场景。

本书将心理所有权理论和资源保存理论引入技能人才职业使命感研究,从而更好地揭示了技能人才职业使命感对创造力的影响机制,找到了职业使命感发挥作用的边界条件。具体而言,本书引入心理所有权作为中介变量,验证了技能人才职业使命感对个体创造力起正向积极影响的内在心理机制。此外,本书根据资源保存理论,引入了人-组织匹配作为调节变量,作为职业使命感发挥作用的边界条件,从而拓展了两个理论的应用场景,丰富了职业使命感的研究内容。

1.2.2　实践意义

(1)突出新质生产力要求,构建了技能人才职业使命感的结构与量表,有助于培育技能人才职业使命感。

在推动经济社会高质量发展的背景下,国家要实现产业基础高级化、产业链现代化,就必须有一支具有工匠精神、能够发挥主观能动性、敢于创新创造的技能人才队伍。然而现实中,技能人才社会地位相对较低,缺乏劳动获得感及荣誉感,工作场景中很难发挥自身的积极性、主动性和创造性。拥有职业使命感的个体为职业赋予了更高层次的精神需求与追求,他们的工作动力源自内心,更加强调在工作中能够自我实现,获得充实感。本书就从这一角度出发,通过构建新时代技能人才职业使命感量表,深入分析技能人才职业使命感的维度和内涵,从组织和个人两个层面为提高技能人才职业使命感提出合理建议。

(2)揭示了职业使命感对技能人才的创造力的影响机制,有助于提升技能人才创造力,促进技能人才的创新行为。

人类社会的变革很大程度上取决于源源不断产生的创造力。关于创造力的现有研究大多聚焦于研发人员、知识型员工、教师等,很少有针对技能人才创造力的研究。技能人才的创造力主要指对生产工艺、操作过程的不断改进和优化,以及提出新的解决实际问题的思路,更加强调创新的实用性和可操作性。在工作场合中,创造力高的员工善于采用全新且实用的方法改进或完善现有工作。我国对于创造力也十分重视,鼓励"大众创新",创新位居新发展理念首位,期待能为各行业各岗位提供创新的土壤。在推崇创新的新时代,产业需要创新,创新来源于技能人才,尤其是来源于心怀职业使命感的技能人才。在组织中,职业使命感代表着员工在职场中的自我工作价值认知,能够激发员工形成创造力的内在动力。培养技能人才职业使命感,有助于进一步激发技能人才冲破局限,勇于创新、敢于创新。

(3)为培养适应新质生产力发展要求的技能人才的管理政策提供了理论依据。

本书通过实证研究验证技能人才职业使命感对于创造力的提升,具有正向积极的影响作用。通过对创造力的作用路径研究,从不同途径和方面探索创造力提升的管理建议,为组织提出培育创新型员工的管理方案。

1.3　本书主要内容及架构

1.3.1　本书主要内容

本书基于心理所有权理论和资源保存理论,探究了在中国情境下技能人才职业使命感对其创造力的影响以及作用机制。本书旨在解决3个问题：①在新时代背景下,我国技能人才职业使命感的构成要素有哪些？如何测量？②技能人才职业使命感对创造力有何影响？③技能人才职业使命感是通过什么作用机制对创造力产生影响的？

本书通过对职业使命感、创造力、心理所有权、人-组织匹配等变量的回顾与综述,借助理论推演,构建并验证了技能人才职业使命感的内容结构模型,以及技能人才职业使命感对创造力影响的作用机制模型。主要分为4项内容：

(1)技能人才职业使命感内容结构模型及其测量方法。基于心理所有权理论与资源保存理论分析,通过对相关文献的梳理、总结、推演,建立了技能人才职业使命感对创造力作用机制的理论模型。通过扎根研究,参考成熟的职业使命感量表,利用探索性因子分析,构建了新时代技能人才职业使命感五维度概念模型,并开发了相应的职业使命感量表,为进一步的实证检验提供了测量工具。

(2)在新时代背景下,我国技能人才职业使命感在性别、年龄、学历、工作年限和职位类别方面的差异检验。在技能人才职业使命感结构研究的基础上,通过独立样本T检验和方差(ANOVA)检验,验证了技能人才职业使命感在其年龄、学历、工作年限和职位类别上存在显著差异。

(3)技能人才的职业使命感及其各维度对创造力的直接影响。研究结果表明,技能人才职业使命感对创造力有直接影响,并且各维度对创造力具有正向影响作用。

(4)技能人才职业使命感对其创造力的中间作用机制。通过实证研究的方法,探究了心理所有权、人-组织匹配在职业使命感和创造力之间的作用关系,打开研究技能人才职业使命感影响创造力的"黑箱"。

1.3.2 本书架构

本书共8章,逻辑关系如图1-1所示。

第1章,绪论。主要包括研究背景、研究意义、研究问题、研究结构,说明研究思路和采取的研究方法,以及本研究的创新点。

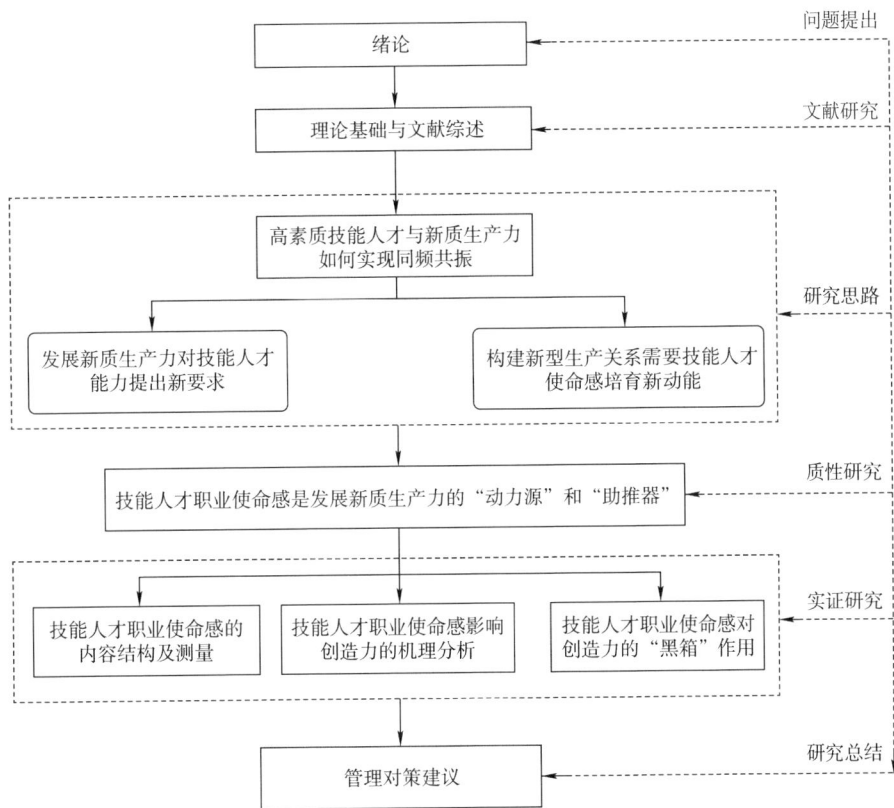

图1-1　本书逻辑关系

第2章,技能人才顺应新质生产力发展要求的理论基础。简述了新质生产力理论,并以心理所有权理论和资源保存理论为研究基础,对职业使命感、心理所有权、人-组织匹配、创造力等研究进行全面系统的文献综述。一方面梳理总结以往的研究成果,另一方面挖掘现有研究的局限和不足,从而奠定本书的理论基础。

第3章,技能人才顺应新质生产力发展要求的实现路径构想。通过研究发现,技能人才顺应新质生产力发展要求,需要切实提升自身的创造力。本章系统梳理了国内外相关领域研究理论观点,界定了研究对象技能人才的概念。同时,基于新时代背景以及技能人才工作特点,根据新质生产力理论,提出整体研究构思:一方面,构建技能人才职业使命感的内容结构并开发量表;另一方面,以双维理论视角揭示技能人才职业使命感影响个体创造力的内部机理。

第4章,技能人才职业使命感的理论模型构建。顺应新质生产力发展要求,技能人才迫切需要提升职业使命感。但是技能人才群体的职业使命感的内容结构及测量方法存在不同。本章根据新质生产力发展要求,遵循量表设计的理论和方法,开发了技能人才职业使命感量表。首先,通过理论推演,确定量表维度内容;其次,形成原始题项,进行预调研,运用探索性因子分析构建技能人才的内容结构模型;最后,通过信效度检验,形成最终的测量量表。

第5章,不同技能人才的职业使命感程度分析。在第4章的基础上,提出研究假设,并进行技能人才职业使命感人口统计学差异比较研究,分析不同类型的技能人才职业使命感的程度。运用 EXCEL 和 SPSS 等统计软件,对发放的问卷样本进行描述性统计分析和方差分析,通过单因素方差分析对不同人口统计学变量、不同类型技能人才的职业使命感进行比较分析。

第6章,技能人才职业使命感提升创造力的直接效应。本章采取大样本调查研究,通过回归分析和结构方程分析,探讨新时代技能人才职业使命感对其创造力的直接影响。

第7章,技能人才职业使命感提升创造力的作用机制。采取大样本调查研究,通过结构方程分析、层次回归分析以及 Bootstrap 检验等方法,探讨新时代技能人才职业使命感对其创造力的影响作用以及影响机制,即心理所有权的中介作用、人-组织匹配的调节作用,并探讨了有调节的中介作用。

第8章,结论与展望。首先阐明本书的主要结论、对于管理的启示与建议。在此基础上,对研究过程中存在的局限与不足进行说明,并展望了未来的研究方向。

1.4 本书主要技术路线

根据本书的主要内容、目标以及思路,构建了全书整体技术路线,具体如图1-2所示。

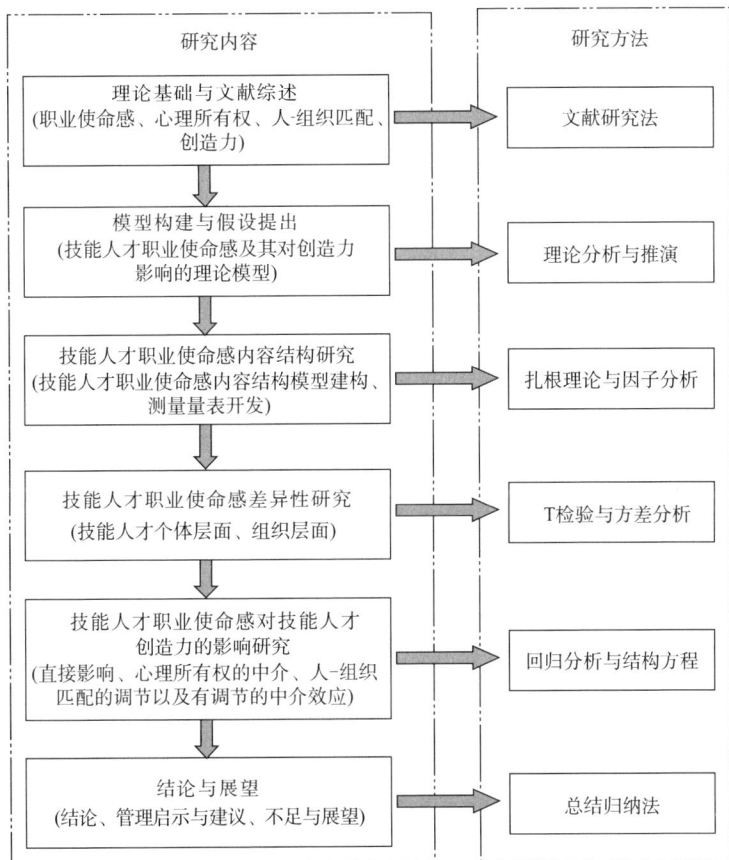

图1-2 全书整体技术路线

本书主要采用以下研究方法:

(1)文献研究法。通过查阅中、外文数据库,阅读国内外文献资料,对国内外关于心理所有权理论、资源保存理论、职业使命感、创造力、心理所有权、人-组织匹配的研究历史与现状进行综述,为下一步研究奠定理论基础,通过深入分析,提出本书涉及的主要问题。

(2)理论分析与推演。通过理论分析与推演,提出技能人才职业使命感的理论模型。在此基础上,运用探索性因子分析等方法,开发技能人才职业使命感量表。

(3)问卷调查与数据收集。依据开发的职业使命感量表,通过数据分析平台,选取技能人才为样本,分别进行小样本预测试、大样本正式测试等,获取数据资料,为下一步分析奠定基础。

(4)数据整理与统计分析。在整理调查数据的基础上,先后采用因子分析、结构方程、Bootstrap检验等多种统计方法对数据进行处理,以验证理论推演中所提出的研究假设。具体的统计分析工具主要采用统计软件包SPSS 20.0、Mplus 7.0(Bootstrap检验),借助AMOS 21.0建立结构方程模型,并对主要变量进行验证性因子分析。

1.5　本书主要创新点

本书主要创新点有以下4个方面:

(1)构建了技能人才职业使命感的理论模型。构建并验证了我国新时代背景下,技能人才职业使命感内容结构模型。在文献研究与理论推演的基础上,根据技能人才的工作特点,推导出技能人才职业使命感的内涵,并采取实证的方法,丰富了职业使命感的本土化理论研究。根据国内外已有职业使命感量表,以及半开放式质性研究结果,开发出我国新时代背景下技能人才职业使命感量表,并且对技能人才职业使命感的独特性进行了详细阐述。同时经验证,本书开发的技能人才职业使命感五维量表(导向力、利他贡献、职业坚守、精益求精、意义和价值)具有很好的信效度,可以应用于我国未来职业使命感本土化研究领域。

(2)揭示了新时代背景下技能人才职业使命感对创造力的直接影响。本书通过理论推演和实证研究,建立职业使命感与技能人才创造力两个变量间的联系,有助于企业以及管理者从新的视角提升技能人才创造力。通过文献综述发现,当前的研究聚焦职业使命感产生的积极效应,主要表现在职业使命感对个体的认知和态度方面,并且目前的研究群体多数并没有针对性,只有少数研究关注了教师、公务员等群体,对于技能人才职业使命感的相关研究还有待拓展。因此,本书考虑到职业使命感的积极影响,将创造力拓展为技能人才职业使命感的结果变量。

(3)构建了技能人才职业使命感对其创造力影响的作用机制模型,揭示了技能人才职业使命感和创造力之间的"黑箱"机制。本书引入心理所有权为中介变量、人-组织匹配为调节变量,构建了一个有调节的中介效应模型,并得到验证。这揭示了技能人才职业使命感影响创造力的作用路径,检验了职业使命感对创造力的影响,丰富了职业使命感和创造力之间关系的研究内容。

(4)拓展了心理所有权理论和资源保存理论的研究范畴。本书引入心理所有权作为中介变量,揭示了技能人才职业使命感对个体创造力起到正向积极影响的内在心理机制。此外,本书将人-组织匹配作为职业使命感发挥作用的边界条件,可以有效推动职业使命感的实际应用。

2

技能人才顺应新质生产力
发展要求的理论基础

2.1 理论基础

2.1.1 心理所有权理论

心理所有权理论最早可以追溯到James于1890年提出的"我"与"我的东西"的表述,而正式的概念由Pierce等于1992年提出,他们认为心理所有权是一种心理状态,是个体对目标物整体或一部分的拥有感。心理所有权理论认为,人们感觉自己在一个产品上花了很多心力,甚至觉得目标物变成了自己的延伸。心理所有权的核心要素为占有感,它让员工感知到目标物是自我的延伸,这种感觉进而又会影响个体的态度、动机和行为。拥有有形或无形的物品可以增强效能感,因为它们给人提供了一种权力、控制或影响的感觉。

心理所有权理论可以解释很多心理现象,因为其满足了人类的三个需求,即效能、自我认同、归属感。Pierce和Jussila概括了心理所有权产生的三种路径:控制目标物、亲密了解目标物和自我投入目标物。相关研究表明,具有心理所有权的员工,会倾向于将自己视为工作的主人,因而会积极关注工作目标的实现和工作现状的持续性改进。Pierce等根据Hackman和Oldham于1975年提出的工作特征模型,发现技能多样性、任务同一性、任务重要性、自主性和反馈等工作的核心特征都能够影响个体心理所有权,并进一步作用于个体的态度与行为。

根据心理所有权理论,个体和情境因素(包括工作自主性、社会支持和工作资源等)是产生自我积极认知的心理条件因素。具有较高职业使命感的个体会倾向于将自己视为工作的主人,因而会积极关注工作目标的实现和工作现状的持续性改进。具有职业使命感的技能人才具有更强的工作自主性,以及对工作的占有感和自豪感;个体对其所有权的目标物会产生积极情感,并且激发责任意识,产生积极的自我认知。Hall的研究发现,以使命感取向的个体会将工作看成个人价值自我实现的形式,充满意义感和目标性。这种对工作和绩效认知上的差异,会对个体创造力产生显著的影响。职业使命感能够赋予工作极强的价值感和意义感,当个体在工作中的自我价值得以实现,更有利于满足个体的自主性认知需求。职业使命感较强的技能人才,不会将简单的重复性的工作视为枯燥乏味的体力劳动,而是更多地将这些工作视为自己所从事的事业,从而在工作中注入更多的情感,因而更有助于创造力的产生。职业使命感能够促进员工个体对工作的价值意义的认识,使自己对工作产生更强的心理所有权,换句话说,就是"我是我工作的主人翁"。

2.1.2　资源保存理论

资源保存理论(Conservation of Resource Theory)最早由 Hobfoll 于 1989年提出,他认为"资源是个体认为有价值的实物、条件、人格特征和能量等物体及其相应的获取方式",用以描述资源个体在与社会、环境之间进行互动交互的过程,这成为应对压力的一种新理论视角。该理论认为资源分为四种:第一种是客观性的资源,是可以满足人们的基本需求的资源,比如食物、水等;第二种是条件性的资源,比如朋友、爱人、权力等;第三种是性格类的资源,有助于抗御压力等外界干扰,比如自我效能感和自尊等;第四种是能源性的资源,包括时间、金钱、知识等。拥有丰富的资源不仅能让个体感到无限满足,还可以引导个体认清自我,同时找准自身在社会以及组织中的角色定位。

Hobfoll 进一步完善了该理论,认为资源可以划分为两类,即个体资源和关系资源。个体资源指的是个体自身所拥有的资源,是个体从内向外对于自我与周围环境、组织氛围的一种积极评价,比如自尊、自信、乐观等,这是一种优质资源。当个体在面对困境或挑战时,这种优质资源就可以起到激励作用,有助于提高个人内在动机和日常中工作表现,促使个人不断实现工作目标,以便获取更多资源。关系资源是指在组织中存在的、有助于个体实现工作目标的某些因素,这种资源能够帮助降低组织中个体的生理及心理压力,激发个体全身心地投入工作中,比如组织支持等。

　　资源保存理论特别强调个体会尽最大努力获取、保存并维护他们认为有价值的资源,以避免造成资源的损耗。个体都会努力维持他们所拥有的优质资源,并且孜孜不倦地去拥有他们认为珍贵或者特别需要的资源。对个体而言,一旦觉察到这些资源存在潜在或实际损耗,都是一种威胁。根据环境以及外部条件的不同,资源在变化过程中会产生截然不同的两种路径,即损耗螺旋(loss spiral)和增益螺旋(gain spiral)。损耗螺旋指的是当个体拥有的资源不足时,就很难实现个体的目标并有可能进一步消耗已有的资源,这时候就会产生恶性循环,让人感受到螺旋式的资源消耗模式。增益螺旋指的是当个体拥有充足的资源时,就会比较容易实现个人设定的目标,并且有机会进一步获取新的资源。因此,可以形成资源的螺旋式上升模式。值得一提的是,实际中获取对个体有价值的资源往往比较难,通常情况下,获取新资源的速度往往比损耗资源的速度要慢,个体会非常敏感地觉察到有用资源的损耗,感觉像是"割自己的肉",让人感到不安。因此,个体保护已有资源的意识比获取更多资源的意识要更加强烈,而资源匮乏的人往往更有可能陷入损耗螺旋。

　　研究发现,个体所拥有的资源,不仅是个体培养、学习与适应环境的结果,也是个体与环境或组织协同发展的结果,并非独立存在。当员工投入较多的心理资源与情感承诺时,他们渴望组织给予相应的反馈或回报。基于享乐主义倾向,个体更愿意选择适合自己发展的环境,从而可以更好地获取资源、保护资源,并且避免造成资源的损耗,最大限度地维护现有资源并试图获取新资源。根据资源保存理论,个人与其组织匹配程度越高,就越能够提高个体对组织利益的关注度,与组织匹配度高的个体可能会通过实现与组织一致的目标,实现自我在组织中积极身份的构建。为了实现领导与成员交换所获得资源的有效增值,增加有益资源,员工往往会采取创新等高回报行为。

　　根据资源保存理论,个体和情境因素(包括工作自主性、社会支持和工作资源等)是产生自我积极认知的心理条件因素,也是个人的积极心理资源。当个人与组织氛围匹配时,便可以产生资源的增益螺旋。在组织中,所从事的工作与自身的能力越匹配,越有利于个体资源和关系资源的维持。研究发现,当组织与个体高度匹配时,个体常表现为开放、积极、自信、热情、认知弹性、成就导向等积极的心理认知;反之,当个体与组织不匹配时,个体则会表现出沮丧、自卑、冷漠、自暴自弃甚至认知失调,这些方面会对技能人才创造力产生显著的影响。

此外,对于与组织匹配较低的技能人才,正向、积极的职业使命感会带给他们更多的从众压力,不利于他们表现出较好的绩效。而且,在一个与自己价值观不符的组织中,人们的使命感很难得到满足,会给员工带来心理上的打击。如 Gazica 研究发现,未应答的职业使命感与较低的生理心理健康水平、较低的工作和生活满意度、较低的工作投入和职业承诺、较高水平的离职倾向有关。组织目标和个人目标的背道而驰,不仅不利于组织目标的实现,还会导致技能人才形成形式主义和消极情绪,不利于他们创造力的形成。

2.1.3　新质生产力理论

生产力是人类改变自然的能力,体现了人类的实践能力,是人类社会向前发展的不竭动力。从第一次工业革命到现如今,200 多年以来,在历次工业革命和科学技术的推动下,人类社会生产力实现了一次次飞跃,改变着国际版图、经济社会布局、人民群众生产生活。当今世界正处于百年未有之大变局,尤其是新一轮科技革命和产业变革迅猛发展,先进生产力质态加快形成。

2023 年,习近平总书记在黑龙江考察期间,创造性提出"新质生产力"的概念,并在二十届中央政治局第十一次集体学习时系统阐述了什么是新质生产力、如何发展新质生产力,为我国推动生产力发展提供了根本遵循,具有重大的理论和实践意义。2024 年 1 月 31 日,习近平总书记在中共中央政治局第十一次集体学习时强调,新质生产力是创新起主导作用,摆脱传统经济增长方式、生产力发展路径,具有高科技、高效能、高质量特征,符合新发展理念的先进生产力质态。它由技术革命性突破、生产要素创新性配置、产业深度转型升级而催生，以劳动者、劳动资料、劳动对象及其优化组合的跃升为基本内涵，以全要素生产率大幅提升为核心标志，特点是创新，关键在质优，本质是先进生产力。[1]2024年7月，党的二十届三中全会通过《中共中央关于进一步全面深化改革　推进中国式现代化的决定》，要求："健全因地制宜发展新质生产力体制机制。推动技术革命性突破、生产要素创新性配置、产业深度转型升级，推动劳动者、劳动资料、劳动对象优化组合和更新跃升，催生新产业、新模式、新动能，发展以高技术、高效能、高质量为特征的生产力。"

新质生产力的"新"要体现在"创新"上。习近平总书记强调，"新质生产力的显著特点是创新，既包括技术和业态模式层面的创新，也包括管理和制度层面的创新。必须继续做好创新这篇大文章，推动新质生产力加快发展。"[2]创新是引领发展的第一动力，在国家发展全局中占有核心地位。从马克思主义生产力理论看，科技创新在生产力发展中发挥关键作用。科学技术并非独立的生产力构成要素，而是渗透在生产力的各构成要素中，通过生产力各构成要素及其组合的优化，提高生产过程的效率与生产力的水平。科学技术的进步既能提升劳动者的劳动能力，又能改进劳动资料与劳动工具，同时能拓宽劳动对象的范围，从而提高生产力。新质生产力是在实践中由技术革命性突破、生产要素创新性配置、产业深度转型升级而催生，对高质量发展起到强劲推动和支撑作用。创新是一个系统工程，包括科技创新、产业创新、体制机制创新等在内的集合。党的二十届三中全会进一步把"健全因地制宜发展新质生产力体制机制"作为重要战略任务之一，并进行了战略部署。当前和今后一个时期是以中国式现代化全面推进强国建设、民族复兴伟业的关键时期，扎实推动高质量发展，加快发展新质生产力，需要进一步充分发挥创新的主导作用。

---

[1] 《习近平在中共中央政治局第十一次集体学习时强调　加快发展新质生产力　扎实推进高质量发展》，《人民日报》2024年2月2日。

[2] 习近平：《发展新质生产力是推动高质量发展的内在要求和重要着力点》，《求是》2024年第11期。

新质生产力的"新",要坚持以新产业为主导,以战略性新兴产业和未来产业为主要阵地。战略性新兴产业和未来产业建立在重大前沿科技突破的基础上,它的快速成长将进一步发挥科技创新拉动经济发展的乘数效应。近年来,快速成长的新业态蕴含了巨大商机,正在创造巨大需求,带动了大量新的投资热点和就业岗位,为经济发展催生新的动能。国家统计局发布的数据显示,2024年上半年,我国新能源汽车产量同比增长34.3%,配套产品充电桩、汽车用锂离子动力蓄电池产量分别增长25.4%、16.5%;半导体器件专用设备制造、智能无人飞行器制造行业增加值分别增长30.9%、57.0%,新的经济增长点不断形成,新动能正在逐渐释放。为此,党的二十届三中全会强调,加强新领域新赛道制度供给,建立未来产业投入增长机制,完善推动新一代信息技术、人工智能、航空航天、新能源、新材料、高端装备、生物医药、量子科技等战略性产业发展政策和治理体系,引导新兴产业健康有序发展。

新质生产力的"新"需要专业技术人才、大国工匠来实现。专业技术人才,即技能人才,是具备专业知识、掌握专业技术或技能,能够在生产实践中熟练应用自己掌握的技能知识的人。技能人才在区域产业发展、技术产品更新中起着重要作用,能将研发人员的设计转化为具体的实物产品,属于知识型员工的一种,是具有创新能力的劳动者。他们是工业社会生产力的基础力量,其技能水平直接决定了社会供给能力的高低,更是我国加快培育发展新质生产力、推动高质量发展、全面建设社会主义现代化国家的生力军。我国空间站遨游太空,神舟系列载人飞船、国产C919大飞机一飞冲天,超大直径盾构机、高速铁路成为海外亮丽名片,港珠澳大桥飞架三地,一系列大国重器、一个个超级工程、一项项科技成就,都离不开精益求精的技能人才默默奉献。

发展战略性新兴产业、培育未来产业以及传统产业的转型升级,都迫切需要与之相匹配的人才支撑。与以简单重复劳动为主的普通技术工人不同,适应新质生产力要求的技术技能人才,应是能够熟练掌握各类先进优质生产资料、以创新推动生产力发展的应用型人才。他们应拥有更高的教育水平、更强的学习能力,不仅掌握传统的职业技能,更重要的是能适应数字化、智能化的现代工作环境,具备跨界融合的综合能力。这些特点决定了技术技能人才的培养目标、质量与规格,教育系统必须以此为引导,迅速更新技术技能人才培养的目标和内容。因此,激励更多劳动者特别是青年一代走技能成才、技能报国之路,培养更多高技能人才和大国工匠,为全面建设社会主义现代化国家提供有力人才保障,迫切需要加快培养一批顺应新质生产力发展要求、具有职业使命情怀的技能人才、大国工匠。

2.2 职业使命感相关文献综述

本节将从职业使命感的内涵与类型、维度与测量、前因及结果变量、作用机制等方面,对国内外文献进行系统梳理,为进一步的理论研究奠定基础。

2.2.1 职业使命感的概念内涵

职业使命感是一种复杂的心理体验。具有职业使命感的人往往会将自身的同一性与从事的职业联系在一起,将工作和个人及社会意义结合在一起,希望自己的工作能为社会作出有价值的贡献,并在工作中体验到内在的乐趣和自我实现。那么,职业使命感缘何而来? 从哪里产生? 有学者认为使命感源于社会的需求,有的认为源于内心的真实自我,也有学者认为使命感源于自己的信仰。通过梳理分析,本书认为:使命感既源于内在也源于外在,使命感既强调个人内在追求又强调外在工作意义,这种观点更符合实际。

学者们认为,职业使命感除了在工作中体现个人价值之外,还包含利他或亲社会性倾向,即职业使命感中包含一种帮助他人、服务公共利益甚至是整个社会福祉的意愿。职业使命感包括三个维度:第一个维度是外部因素(如上帝、突出的社会需要、家族传统)的推动或激发个人朝向特定方向的程度;第二个维度是关注个体活动目的意识、意义感;第三个维度是指在一个特定的生活角色中个体活动的亲社会动机,比如 Elangovan 等认为,职业使命感是个体追求实现亲社会目的的行动过程。学者们进一步概括了使命感的三个基本特征:①行动取向,即提及的行动过程不只是一种态度或看法;②目的的清晰感和个人使命感;③亲社会意图。

职业使命感源于内心追求与外在工作的完美结合。研究发现,职业使命感可以来源于内心追求与现实工作中的意义感这两者完美的匹配。不同学者对使命感的定义虽然有所差别,但是学者们一致认为,有职业使命感的人们会认为自己的工作具有意义感,会带有强烈的目标意愿去贡献自己的力量;强调个体认为从事的工作是意义,对工作有一种发自内心的热爱并且具有强烈的激情。职业使命感被认为是一种积极的心理资源。表 2-1 总结了不同学者对职业使命感的定义。

不同学者对职业使命感的定义　　　　表 2-1

序号	学者及文献发表时间	对职业使命感的描述
1	Bellah,Madsen,Sullivan,Swidler & Tipton,1985 年	职业使命感同生计、事业一样,是人们面对工作的三种取向之一,每一种取向都描述了人们可以从工作中找到的不同类型的意义感。有着使命取向的个体,会在道德上认为工作与他们的生活密不可分,是一种内在奖赏,也是个人满足和认同的中心
2	Bunderson & Thompson,2009 年	个体内心感受到有一种命中注定、亲社会的责任,并根据自己的天赋或者生活机遇,认为应当选择在某种社会职业分工领域工作
3	Dik & Duffy,2009 年	认为职业使命感是一种常伴有命中注定感、以利他价值观和目标为原动力、为追求生命的目的和意义而工作的心理结构。使命感有着三种不同来源:一是外部召唤,指有使命感的个体往往觉得自己是受某种身外的力量呼唤来从事相关工作。以更广阔的眼光看待,这种外部召唤可以是来自祖国、社会、人物或者家庭等。二是生命意义感,强调有使命感的个体工作和自我认同度高度一致。三是亲社会动机,强调对于具有使命感的个体,通过工作而践行使命,旨在帮助他人、贡献社会

序号	学者及文献发表时间	对职业使命感的描述
4	Elangovan,Pinder& McLean,2010年	个体追求实现亲社会目的的行动过程。在这个过程中,个体乐意做什么(理想自我)、应该做什么(可能自我)以及现实中能做什么(现实自我)得到了整合和统一。职业使命感的三个基本特征是:①行动取向,即提及的行动过程不只是一种态度或看法;②目的的清晰感和个人使命感;③亲社会意图
5	Hunter,Dik & Banning, 2010年	让参与者自己定义使命感,最终总结为三个部分:①使命感是人生的指引力量;②使命感与匹配度、幸福感和意义感相关;③拥有使命感为社会带来正面的利他结果
6	Dobrow & Tosti-Kharas, 2011年	个体在某一领域体验到的强烈的、有意义的激情。具体从三个角度描述使命感的定义:①指向某个领域的;②不是有或者无的二元概念,而是从弱到强的一个连续过程;③使命所指领域不仅局限于工作,包括职业、志愿活动、家庭等,也可以是某种抽象概念,比如可持续经营、社会正义
7	Wrzesniewski,2012年	职业使命感是一种有意义的召唤活动,指那些在道德上、社会价值上和个人意义上都是重要的行为,而工作只是一种载体
8	张春雨,2015年	职业使命感是一个可能受到文化差异影响的概念,中国的使命感概念多"偏政治性,也包含少许的宗教性的味道"。探索了中国文化下的职业使命感结构,在一般使命感和职业使命感上各得到四个显著特征,分别为导向力、意义和价值、利他贡献和积极进取,这也反映出东西方不同文化下,职业使命感定义之间的差别
9	Schabram,2017年	职业使命感就是一种工作情景,在其中会感受到强烈的挑战与积极的反馈。使命感起作用的三种途径为:一是"以身份为导向";二是以"以贡献为导向";三是"以实践为导向"

2.2.2　职业使命感的划分

综合考量各类研究发现,不同学者会依据不同的标准界定职业使命感的类型。目前,依据个体怀有职业使命感的不同状态,可将职业使命感分为寻找使命感、感知使命感、践行使命感、未应答职业使命感四种类型,学者们也对这些不同的职业使命感状态进行了实证研究。

Duffy等在实证研究中检验了感知职业使命感与践行职业使命感对职业

承诺、工作意义和工作满意度的影响,专门探讨了感知职业使命感与践行职业使命感之间的关系,提出了追求使命感、感知使命感、践行使命感的区别。追求使命感反映了一个人寻找她或他的使命感程度,感知使命感反映了使命感目前在个体寻找工作时显现的程度,践行使命感反映了使命感在某一特定的工作中被实施的程度。Gazica 等通过对比的方式,比较了践行使命感、无使命感、没有呼应使命感这三个概念在生活、健康、工作相关变量间的差异。

现实中,有研究显示,美国有超过 50% 的工作人员都自称有使命感,但是仅有一部分在践行使命感或者从使命感中获得意义,这样就会降低使命感给幸福感带来的积极作用。

综上,目前研究并不仅仅局限于研究变量之间的关系,而是更倾向于在某个理论框架下解释职业使命感的作用机制问题。另外,目前更多的研究热点聚集于从感知使命感到践行使命感之间的机制,而在国内,此类研究更为罕见。

2.2.3　职业使命感的维度及测量

对于每个人来说,职业使命感并不是有或没有的一个非此即彼的状况,每个人的职业使命感水平都是一个介于有与没有之间的连续性心理构想,可以进行定量测量,测量对象则是个人与特定职业领域之间能够达到一种满足感、成就感以及与个人的生命意义相关联的强度。

1)职业使命感的维度

在西方文化背景下,职业使命感维度的研究主要分为单一的整体结构和多维结构。

在职业使命感单维度结构研究领域,基于新古典主义定义视角,Wrzesniewski 等开发了单一维度的职业使命感量表,适用对象为单一职业领域,具有局限性,因此并未得到大范围推广。基于新古典主义视角,Bunderson、Thompson 开发了单一维度的使命感量表,但由于该量表的测量对象是动物园饲养员,这一职业比较特殊,使得该量表后续应用及在学术界的影响力都受到一定限制。Dobrow、Tosti-Kharas研究发现，职业使命感是一个单维度的结构，并且开发了包括12个题项、单一维度的职业使命感量表（Calling Scale，CS），该量表应用于音乐、艺术、商业、管理4个相互独立、有区别的职业。检验结果表明，该量表具有较高信度与效度，具有跨时间、跨场景的稳定性与可靠性。

在职业使命感多维度结构研究领域，最具有代表性的是Dik和Duffy的观点。他们认为，职业使命感内涵包括3个维度：外部因素（如突出的社会需要、家族传统、个人信仰）的推动或激发个人朝向特定方向的程度；个体从事某些工作的目的意识、意义感；亲社会动机。针对现实中使用的不足和问题，Dik等编制了职业使命感量表（Calling and Vocation Questionnaire，CVQ），包括追寻职业使命感与拥有职业使命感两个维度，每个维度又细分为超然的召唤、工作的意义感和亲社会性，在西方文化背景下实现了广泛应用。Praskova等认为，职业使命感是源自内心而非外在力量驱使，分为3个维度，即他人导向意义感、个人意义感、使命发展过程的积极参与感。Hagmaier等认为，职业使命感包含3个维度，分别是人与环境的匹配，对工作的认同，意义感、价值驱动行为和导向力。

在国内，使命感的演化过程与西方定义内涵相近，但也存在中西方文化的差异。贾文文探索发现老科学家的职业使命感包括4个维度：责任心、目的与意义感、亲社会行为和长期性。张春雨构建了职业使命感四维度模型：导向力、意义与目标、利他贡献、主动进取。廖传景等发现，职业使命感由使命唤起、利他奉献、职责担当和职业坚守4个维度构成。童静认为职业使命感包括内在激励、职业意义、召唤体验、社会性4个维度。

综上分析，现有研究的共识，大多将职业使命感界定为导向力、意义与价值、利他贡献和积极进取4个维度。

2）职业使命感的测量

目前，职业使命感测量工具主要有以下几种：

（1）简版使命感量表（Brief Calling Scale，BCS）。该量表最大的特点是并不明确指明使命感的来源，而是要求被试根据自己对于使命感的内心定义对测量题项进行选择。虽然该量表只有2个题项,但有良好的同时效度和区分效度。

(2)职业使命感问卷(Calling and Vocation Questionnaire,CVQ)。这是目前关注和引用次数较多的一个量表,用12个题项来测量使命感的2个维度,并进一步将职业使命感细分为超然的召唤、有意义的工作和亲社会取向3个维度。

(3)多维使命感量表(The Multidimensional Measure of Calling,MCM)。这是由Hagmaier和Abele编制的,也是迄今为止仅有的一个以实际工作场所员工为样本开展的测试。

(4)12条目使命感量表(12-Calling Scale,12-CS)。该量表由Dobrow和Tosti-Kharas编制,其理论依据是使命感的现代观点。12-CS经过了严格的实践检验,具有可靠的信效度。如果研究者想测量其他职业人群,只要替换条目中的工作或职业名称就可直接使用。

Duffy等对比了这4种测量职业使命感的方式,发现BCS和CVQ是最好的测量工具,而12-CS和MCM是工作结果的最好指标。因此,在实践中如果只是想知道下属或者来访者是否有使命感,可以选择BCS。这个量表可以全面了解人的使命感。如果要有更进一步精确的要求,想获知更准确领域的使命感,CVQ是较好的选择。

当前,也有一些基于中国文化背景下的职业使命感研究。童静提出了召唤体验、亲社会性、职业意义和内在激励4个维度,并编制了职业召唤的正式问卷。廖传景等则认为职业使命感由使命唤起、利他奉献、职责担当和职业坚守4个维度构成,同时编制了中小学教师职业使命感的测量量表。张春雨分别编制了大学生职业使命感量表CCS(导向力、意义和价值)、职业使命感量表——员工版CCS-E(导向力、利他贡献及主动进取)。

但是,目前使命感量表仍然存在一定的局限性,具体而言,一是量表没有明确的针对性,题项和维度划分体现不出不同职业、不同人群的特征和差别;二是量表题项表述都较为抽象,被试者很难准确理解并根据自己情况进行选择;三是研究的对象比较受限,目前还没有针对技能人才进行职业使命感开发的量表。

2.2.4　职业使命感的影响因素

当前,关于职业使命感及其作用研究,主要聚焦于探讨职业使命感对个人层面和组织层面单独结果的影响。通过文献综述、分析和整合,将职业使命感的前因变量和结果变量总结如下。

1)前因变量

宗教信仰、人格特征、年龄段、社会经济地位、职业性质以及不同工资标准等都对职业使命感具有影响。宗教信仰对职业使命感有着显著作用,Hall等以200名已经获得硕士、博士或专业学位并且同时要照顾孩子的职业女性为样本,研究结果证实宗教信仰会对个体的职业使命感产生影响。此外,研究表明,核心自我评价、性格优势和积极工作体验、生活中具有激情等也都会对职业使命感具有积极的预测作用。

2)结果变量

关于职业使命感的相关变量关系研究,主要集中在研究职业使命感与组织行为、组织态度方面,职业使命感与大量工作、生活、健康等积极心理状态变量有关。研究发现,拥有强烈职业使命感的企业员工,会产生较为强烈的职业承诺、组织承诺、工作满意度、生活及工作意义感、职业选择舒适(career choice comfort)、职业自我明确(vocational self-clarity)等积极心理状态,同时有较低水平的离职倾向。

跨层次研究发现,职业使命感会带来较低水平的沮丧、压力。相较没有职业使命感的大学生,有职业使命感的大学生有较高程度的职业成熟度(career maturity)、职业决策自我效能(career-decision self-efficacy)、工作希望(work hope)、学业满意度(academic satisfaction)。相关研究结果也验证了工作使命感能够正向预测积极情绪。实际感到职业使命感的个体是很幸运的,他们心怀使命又有实现使命感的现实条件,会有比较高水平的、积极的与生活、工作、健康相关的感受,拥有职业使命感对身体健康是有益的。

实际上,并非拥有了职业使命感就都是好事,也会产生很多负面结果。

拥有职业使命感的个体,可能会觉得他们有很少的选择去寻找属于满足自己职业使命感的工作,或者说一个人坚持在其认为是职业使命感的工作中不能自拔。有较强职业使命感的人们也许会对职业有极高的标准,这也会增加离职的倾向。这是职业使命感的反作用。相比拥有符合的职业使命感的个体,拥有不匹配职业使命感的个体通常会感觉到较低水平的工作投入度、职业承诺、工作和生活满意度,以及较高水平的生理压力、心理压力和离职倾向。研究发现,只有当职业使命感与现实匹配时,才是有益的,否则还不如没有职业使命感。

综上所述,职业使命感对个人行为、心理状态以及健康水平都有影响,表2-2进行了简单梳理和汇总。

职业使命感作为预测变量的研究   表2-2

作者及文献 发表时间	职业使命感 类型	样本	中介变量	调节变量	结果变量
沈黎文等 (2021年)	职业使命感	急诊科护士	—	—	职业倦怠
刘丽丹等 (2021年)	职业使命感	大学教师	工作努力 与目标承诺	—	职业成功
余珊珊 (2020年)	职业使命感	新冠疫情中的 护士			工作投入
霍炜玉 (2020年)	职业使命感	企业员工		大五人格	工作狂热
张明、陈改 (2020年)	职业使命感	全纳教育教师	自我效能感	—	工作幸福感
王颖、张玮楠 (2020年)	职业使命感	公立医院医生	职业认同	—	工作投入
周晓雪等 (2019年)	职业使命感	企业员工	创新自我效能 与创新内在 动机		创造力
孙娜等 (2019年)	职业使命感	肿瘤科护士	工作负荷		工作满意度

作者及文献 发表时间	职业使命感 类型	样本	中介变量	调节变量	结果变量
邓欣雨、陈谢平 （2019年）	职业使命感	基层民警	—	心理脱离	工作倦怠
王美健 （2019年）	职业使命感	小微企业员工	工作繁荣	—	情绪耗竭
刘瑞琴 （2019年）	职业使命感	企业员工	心理资本	创新文化	创新行为
顾江洪、江新会 （2018年）	职业使命感	企业一线员工、高校教师	—	—	工作投入
秦绪宝 （2018年）	职业使命感	企业员工	自主动机	原型问题解决能力、组织文化	创新绩效
崔明洁 （2018年）	职业使命感	企业员工	每日工作时间、积极情绪	—	每日下班后生活质量、疲劳
王盈 （2018年）	职业使命感	护理管理者	工作投入	—	创新行为
叶宝娟、郑清 （2017年）	职业使命感	大学生	求职清晰度、求职效能感	—	可就业能力
姚军梅 （2017年）	职业使命感	企业在职员工	工作投入	自我效能、社会支持	主观职业成功
查欢欢 （2017年）	职业使命感	中小学教师	—	—	幸福感
马原 （2017年）	职业使命感	幼儿教师	心理资本	—	职业成功
张万强 （2017年）	职业使命感	师范生	自我同一性	—	生活满意度
王忠军等 （2016年）	职业使命感	科研人员	工作努力、目标承诺	—	职业成功
赵小云等 （2016年）	职业使命感	煤炭企业员工	—	工作负荷 （未验证）	工作满意度
陈鸿飞等 （2016年）	职业使命感	师范生	职业自我效能、职业结果期待	—	职业满意度、学业投入

作者及文献 发表时间	职业使命感 类型	样本	中介变量	调节变量	结果变量
叶宝娟等 (2016年)	职业使命感	大学生	求职效能感	情绪调节	大学生求职行为
赵小云等 (2016年)	职业使命感	幼儿教师	组织承诺	—	工作绩效
陈逸雨 (2016年)	职业使命感	企业人员	心理授权	—	工作投入
习怡衡 (2016年)	职业使命感	员工	和平心态	—	工作投入
商开慧 (2016年)	职业使命感	企业员工	工作投入	—	组织公民行为
张春雨 (2015年)	职业使命感	大学生	希望特质	—	(幸福)人生意义 感、生活满意度、 职业确定性
沈雪萍等 (2015年)	职业使命感	大学生	—	家人支持 程度 (未验证)	职业目标确定度
廖传景等 (2014年)	职业使命感	中小学教师	—	—	职业承诺
张春雨等 (2013年)	职业使命感	师范生	人生意义体验	—	学业满意度、 生活满意度

3)研究样本

现有研究中,学者们发现公务员、教师、军人或事业单位员工等具有社会属性的职业群体,其感受到的职业使命感水平更高。国内研究多集中于教师、企业员工、大学生等。受新冠疫情影响,学者们针对一线医护人员和医学专业护理专业学生的职业使命感研究变得更加丰富,并主要研究了是否曾参与突发公共事件、工作年限、韧性及力量等对其职业使命感的影响。国内对教师职业使命感的研究样本较为多样,包括幼儿教师、乡村教师、高校教师、校长、高校辅导员、特殊教育和全纳教育教师等,主要研究职业使命感对工作幸福感和工作满意度的影响。对于企业员工职业使命感的研究,主要研究其对任务绩效、职业幸福感、组织承诺等变量的影响,样本类型有新生代员工、知识型员工、科技人才、"90后"员工等,企业类型有小微企业、航空公司等。针对公务员的职业使命感研究,有关于新时代基层公职人员精神薪酬满意度、职业使命感和工作压力的现状及关系研究,还有从积极心理学的视角研究党员干部的职业使命感。

综上所述,目前尚缺乏以技能人才为研究对象的职业使命感研究。

2.2.5　职业使命感的作用机制和理论视角

现有的研究和学者们从多个理论视角探讨职业使命感的作用机制。本书系统梳理了职业使命感作用于结果的中介机制和调节/交互机制的主要研究。当前,职业使命感影响机制的理论视角主要包括自我决定理论、生涯建构理论、社会认知职业理论、自我差异理论等。

1)作用机制

在现实中,人们以不同的方式表达他们的职业使命感,以不同的方式构建和解释遇到的困难挑战,以不同的方式在情感上和他们的感觉上作出反应,以不同的方式建立不同的工作环境来呈现新的挑战和资源。表2-3梳理汇总了国内外关于职业使命感作用机制的主要研究。

国内外关于职业使命感作用机制的主要研究　　　　　　　　表2-3

研究人员及文献发表时间	预测变量	中介变量	调节变量	结果变量
张文 (2021年)	高职护理实习生领悟社会支持	—	—	职业使命感
黄丽 (2019年)	组织支持	—	未来工作自我	职业使命感
张蓓 (2019年)	情绪能力	职业使命感心理弹性	—	生活满意度
刘恺 (2019年)	职业资源	—	职业使命感	主观职业成功
程超等 (2019年)	主动性人格	职业使命感、职业延迟满足	—	自我职业生涯规划

研究人员及文献发表时间	预测变量	中介变量	调节变量	结果变量
吕林义等（2019年）	挑战性压力源	职业使命感	授权型领导	员工主动行为
沈雪萍等（2018年）	主动性人格	职业使命感、职业自我效能	—	职业决策困难
张亚琨（2018年）	心理资本	—	职业使命感	组织公民行为
蒋珠慧（2018年）	信任	—	职业使命感	工作投入
程婧楠等（2017年）	生涯适应力	职业使命感、职业决策自我效能感	—	职业探索
谢春蕾（2017年）	工作要求	—	职业使命感	工作倦怠

2）理论视角

过去一段时间，针对职业使命感的研究以归纳式研究居多，以某一个理论框架来解释职业使命感作用机制或者解释使命感与相关变量间关系的研究比较少见。随着研究的不断深入，越来越多的研究关注于使命感的理论研究。表2-4梳理了职业使命感研究的理论视角。这些理论视角包括工作资源-要求理论和动机理论、自我决定理论和工作理论心理学、生涯建构理论、社会认知职业理论、自我决定理论、自我差异理论、身份地位理论等。

职业使命感理论基础汇总   表2-4

研究人员及文献发表时间	理论角度	结论
顾江洪（2018年）	以工作资源-要求理论和动机理论为基础，探索职业使命感对工作投入的影响	证明了职业使命感是一个独立的工作动机，发现了职业使命感在工作资源和个人资源对工作投入的关系中起到调节作用
Duffy（2017年）	自我决定理论	职业使命感会加强对幸福感的影响，并且可以针对那些感觉被召唤到某个特定职业的人们

研究人员及文献 发表时间	理论角度	结论
Xie Baoguo （2016年）	生涯建构理论	探讨了职业使命感与主观职业成功的关系
Kaminsky （2015年）	社会认知职业理论	职业使命感是一个比自我效能感更好的预测指标，可以更有效地预测行为结果、兴趣以及目标
Gazica （2015年）	自我决定理论	解释了未应答职业使命感对行为的作用机制
裴宇晶 （2015年）	自我决定理论	以知识型企业员工为被试，职业使命感与工作满意度、组织承诺有正向关系，与离职倾向有负向关系
Hagmaier等 （2015年）	自我差异理论	研究职业使命感与生活满意度之间的差异
Praskova （2014年）	运用职业成功的使命感模型	具有职业使命感的青年人会更多运用职业策略，随之而来的是更强烈的生活意义感和职业生涯适应力
Guo （2014年）	生涯建构理论	职业关切和职业好奇通过职业使命感的中介作用，对专业竞争力产生影响
Cardador （2012年）	从关系和认同的角度	积极的方面是职业使命感可以增加人们的幸福感，但是消极的方面就是不当地追求职业使命感，会产生压力，并易形成失望等消极情绪
Hirschi （2011年）	身份地位理论框架	有职业使命感的人们与积极的自我反馈有关
Hall，Chandler （2005年）	目标设定的角度	追求职业使命感的动机是获得职业使命感的更大利益的必要条件

2.3　心理所有权相关文献综述

心理所有权的概念由 Pierce 等首先提出，他们发现，当个体感觉到目标物或目标物的一部分为自己所拥有时,便会感觉到很强的心理所有权。心理所有权的核心要素为占有感,它能让人感知到目标物是自我的延伸,这种感觉进而又会影响个体的态度、动机和行为。

由于心理所有权这个概念有很强的解释力,可以解释许多组织行为和组织现象,因此,越来越受到众多领域学者的关注,相关研究的数量逐年增多,研究范围也逐渐扩大,从最早关注个体心理所有权,到逐渐关注集体心理所有权。

已有一些文献综述对心理所有权进行了较为全面的文献梳理和分析,如 Pierce 等、Jussila 等、Dawkins 等、寇燕等、覃正虹、Morewedge 等。现有的文献主要包括心理所有权的内涵、维度与测量、影响因素及作用效果等,这也一直是心理所有权研究的热点。下面就按照这 3 个分类,逐一对文献进行梳理和分析。

2.3.1 心理所有权的内涵

James 在研究中,提出了"我"与"我的东西"的概念,可以算是心理所有权理论的最早起源。而正式的概念由 Pierce 等提出,他们认为心理所有权是一种心理状态,是个体对目标物整体或一部分的拥有感,目标物是自我的延伸。这里的所有权与法律上的所有权截然不同,只是心理上的占有感,并不等于法律上的拥有。

心理所有权满足了人类的 3 个需求:①效用;②自我认同;③归属感。与 Pierce 等的研究不同,也有人认为心理所有权是对目标物的一种责任感。

Pierce 等认为,心理所有权和感知的责任实际上是不同的状态,即对一个对象的责任感或关注感源自心理所有权,而不是心理所有权的组成部分。Avey 等推广了 Pierce 等的定义,他们认为心理所有权还包括责任的维度,所谓责任是一个人可能被要求为自己的信仰、感情和对他人的行为辩护的隐含或明确的期望。Avey 等提出了两种不同且独立的心理所有权形式——促进型和预防型,它们都来源于约束焦点理论。

受不同文化背景的影响,心理所有权可以分为两类,即集体心理所有权和个人心理所有权。Pierce 和 Jussila 首先提出了集体心理所有权的概念,他们认为在团体层面同样存在心理所有权,也就是说,集体也可以感觉到目标物或目标物的一部分是集体所有的心理状态。在个人主义文化背景下,心理所有权主要集中在个人层面,而在集体主义文化背景下,心理所有权主要集中在集体层面。个体心理所有权的产生动机有 3 个:自我效能、自我认同和拥有空间。集体心理所有权的产生则取决于集体成员对目标物的共同行动和集体性认知,其产生有 4 个动机:自我效能、自我认同、拥有空间和社会认同。与个体心理所有权相比,集体心理所有权的概念中增加了"社会认同"的内涵。Pierce 和 Jussila 概括了心理所有权产生的 3 种路径:控制目标物、亲密了解目标物和自我投入目标物。对于不同的领域、目标物、个体或情景,也有心理所有权的子概念。

2.3.2　心理所有权的维度与测量

由于心理所有权来源于不同的领域、不同的动机和不同的对象,因此,心理所有权在不同的情景下有不同的产生路径、态度和行为,也就可能存在不同的维度,相应的也有不同的测量方法。

在早期的研究中,Pierce 等将心理所有权作为一个单一维度的概念进行研究,并开发了包括 7 个题项的心理所有权测量的量表,但该量表没有对个体所有感和集体共有感进行区分。Van Dyne 等开发并验证了包括 7 个题项的心理所有权测量量表,项目包括所有格词汇(比如我的,我们的),以反映组织目标的心理所有权态度。在最初发展的 10 年里,该量表被越来越多的研究证实并支持这种因素结构,如 Liu 等、Park 等、Knapp 等。还有相关研究证实了这些测量的跨文化的效度,比如在中国人、德国人和芬兰人等群体中的应用。具体领域或者具体对象的心理所有权的测度大致沿用 Van Dyne 和 Pierce 的心理所有权的测度量表,并就相应的题项根据实际情况作出直接采纳或者适度增删条目以适应特定的场合。对于集体心理所有权的测量研究起步较晚,还处于开发阶段,如 Pierce 和 Jussila 研究提出了包括 5 个题项的集体心理所有权量表，Pierce等研究编制了包括4个题项的集体心理所有权量表。

2.3.3　心理所有权的作用效果

在不同的领域和情境下，心理所有权对组织和个体的作用都是多重的，既有积极影响，也存在消极影响。

（1）关于积极影响。由于认为目标物是"我的"或"我们的"，满足了个体对自我功效、自我身份识别以及自我空间拥有的追求，这种拥有感和满足感会带来积极和建设性的心态和行为，产生激励效应，比如可能产生组织公民行为、提升对组织的承诺、积极承担风险、利他行为、为组织利益牺牲自我等。此外，心理所有权还可以保护公物、自然和环境，提升创造力、满意度、幸福感，亲社会行为，防止工作倦怠等。

（2）关于消极影响。心理所有权对个体和组织都可能会产生消极影响。在个体层面，心理所有权可能对员工产生偏离行为、心理压力、个人损失、对目标物所有权的共享、排他行为等消极影响。

（3）关于心理所有权与创新之间的关系。心理所有权与员工的创新工作行为呈现显著的正相关关系，与公司绩效也正相关；集体心理所有权正向影响团队创造力，心理所有权促进团队成员创新行为。

2.4　人-组织匹配相关文献综述

人-组织匹配是人力资源管理和组织行为学领域的热点研究话题。人-组织匹配在新员工招聘过程中起到重要影响，招聘新员工不再仅考虑技能的匹配性，而更关注应聘者的核心特征是否与组织相互匹配。人-组织匹配重要的理论来源包括组织行为学、人力资源管理、心理学和协同学等，相关研究主要集中在概念内涵、测量方法以及相关应用研究方面。

2.4.1　人-组织匹配的内涵

对人-组织匹配概念的研究,基本来源于人-环境匹配的文献。Lewin 最早提出了个人要与所处环境相互匹配,Argyris 也提出了个体应该与其所处的组织相匹配,这种匹配可以降低个人与组织二者的不一致性。Schneider 随后提出了 ASA(Attraction-Selection-Attrition)模型,该模型认为人与组织因为之间的相似性而互相吸引,员工被组织吸引、选择和留用,这就造成了组织的成员在某些方面具有一定程度的相对同质性。Munchinksy 和 Monahan 提出了人与环境和谐的两种类型:一致型匹配和互补型匹配。Edwards 提出人-组织匹配的"需求-供给匹配"模型,即组织提供的条件能够满足个体的需求以及工作要求与个人能力相匹配。Cable 和 Judge 提出了人-组织匹配的"要求-能力匹配"模型,他们认为除了一致性匹配外,互补性匹配还应该要求个体的能力应该满足组织里某一工作岗位的具体要求,即个人需求与组织供给相匹配。Kristof 总结之前的研究,提出了较为完整、广为接受的人-组织匹配的整合模型,他认为所谓人-组织匹配是指员工与组织的相容性,具体指员工的个性、态度和价值观等与其所在组织的文化及其他组织特征具有一致性和相容性。

Cable 等提出在人-组织匹配关系中,除了相似性匹配的内涵外,还应该将互补性匹配进一步细分为 2 个概念,即个人能力与组织对工作的要求相互匹配,个人需求与组织的供给相互匹配。人-组织匹配的概念中还有一个操作定义,所谓操作定义是指一个概念应由测定它的程序来下定义。Kristof 总结了人-组织匹配的 4 种操作定义,即人与组织价值观的一致性、个体目标与组织目标的相似性、个体的需要与组织系统的匹配、个体的个性特征与组织气氛的匹配。研究中运用最多的操作定义,是人与组织价值观的一致性。

2.4.2　人-组织匹配的维度与测量

人-组织匹配的维度与测量对相关的实证研究至关重要,而且这方面的研究本身也具有挑战性,因此,有专门的文献对此做了详细的综述。

1)人-组织匹配的维度

人-组织匹配的结构研究,从最早的单维结构发展到二维结构,并最终到三维结构。在单维结构方面,包括 Schneider 提出的 ASA 模型,该模型提出了目标相似性匹配,即个人目标符合组织的目标。Chatman 提出了改进交互模型的准则和满足这些准则的人-组织匹配模型。价值观匹配被普遍认为是人-组织匹配中最核心、最基础的内容。

在人-组织匹配的单维结构中,最常见的 2 种形式是价值观匹配和目标匹配。在人-组织匹配的二维结构方面,Munchinksy 和 Monahan 研究提出了人与组织匹配的两种类型:互补型匹配和一致型匹配。Caplan 和 Cable 等提出可以将人-组织匹配的概念实际划分为需求-供给匹配和要求-能力匹配这2 个维度。Cable 等提出了人-组织匹配的三维模型,即个人需求与组织供给匹配、组织的工作要求与个人能力匹配以及相似性匹配。该三维结构是目前被普遍接受、应用最为广泛的划分,并不断被许多研究采纳和证实其良好的信效度。

2)人-组织匹配的测量

人-组织匹配的测量方法主要有 2 种:直接测量和间接测量。Kristof 虽然直接测量对个人的结果变量比实际测量的匹配更有影响力,但在方法上受到了批评。鉴于直接测量的缺陷,有许多研究采用间接测量的方式。间接测量又包括个体层次和组织层次以及间接个体层次测量。目前,Cable 等开发的人-组织匹配测量量表是应用较为广泛的量表。

2.4.3 人-组织匹配的作用效果

关于人-组织匹配的理论在实际中的应用,也是研究的热点。主要的应用领域包括人力资源管理和组织行为学,比如对招聘、个人职业选择、员工工作态度、工作绩效、工作满意感、职业成就、创造力等的影响作用。

1)人-组织匹配对工作留任、工作绩效、职业成就和亲社会行为的影响

研究发现,价值观匹配对员工的工作行为态度,包括工作满意度、工作绩效、职业成就、组织承诺、工作留任、亲社会行为、公民行为自豪感、员工道

德行为等都有积极的影响。

2）人-组织匹配对个体创造力的影响

人-组织匹配对个体创造力也有重要影响。一般来说，个人与组织的匹配度越高，员工的创造力越强，但在个别情况下也有例外。黄列宾和杨玲认为，只有用先进的理念和方式激励创新者、组织创新者，技术创新才会真正形成。杨英研究发现，人-组织匹配能促进员工创新行为，尤其是当价值观匹配和要求-能力匹配时，更能促进员工创新行为，而需求-供给匹配对员工创新行为没有影响。徐悦研究发现，人-组织匹配的3个维度，即需求-供给匹配、一致性匹配、要求-能力匹配对员工创新行为都具有促进作用，其中一致性匹配的促进作用最大，这与杨英的研究结果不一致。杨哲发现，人-组织匹配可以促进个体的创新行为，而创新自我效能感在两者之间起到了中介作用。蒋东梅发现，人-组织匹配及三个维度对员工创新行为具有促进作用。

Nikolas等实证发现，在印度尼西亚，个人-组织匹配对创新能力没有显著的直接影响关系，这与直觉不吻合。Zhang等利用中国10家制造企业41个小组的170个主管-下属二元关系，研究了当员工感觉资历过高时，他们何时以及如何参与创新绩效，研究发现组织认同与创新绩效正相关。Tang等以中国八大高新技术产业的697名员工为测试对象，研究了人-组织匹配对员工创新行为的影响。研究发现，人-组织匹配提高了员工的工作创新意愿，降低了员工的离职倾向。Schneider等认为人与组织的高度匹配会使得企业员工更加同质，而当企业员工，尤其是高层管理人员过于同质时，会降低企业的创新能力和组织效能。

2.5　创造力相关文献综述

2.5.1　创造力的维度与测量

创造力的维度与测量在创造力研究和实践中处于核心地位，由于创造力的复杂性和多维性,创造力的维度和测量研究一直比较困难。因此,创造力的维度与测量一直是创造力研究的热点和争论的焦点。有些学者认为创造力是不可测量的,即便是认为创造力可测的学者,也对目前的测量方法持批评态度,认为这种测量方法不能反映创造力的某些维度。

创造力的测量包括个体创造力层面和整体创造力层面,心理学家大多关注个体创造力,社会学家和经济学家大多关注整体创造力,比如一个组织、国家或地区。最初,创造力的测量是从某个单一能力或特质的角度出发,后来人们逐渐认识到创造力的关键不是某个单一能力或特质,比如创造性过程、创造性的人、创造性的产品以及创造性的环境等,而是多个维度的综合。20世纪90年代以后,创造力测量逐渐过渡到整体或综合测量。尤其以2002年Florida开创的整体创造力评估体系为代表,该测量体系包括人才、技术和宽容度三个关键要素,该测量方法被广泛使用。此后,还陆续开发了欧洲创意指数、全球创意指数等。

目前,创造力的测量主要有4类,包括创造力测验、创造力成就测验、同感评估技术和专家评价法。随着技术的进步,创造力测量也大量开始借用高科技,如用一些技术直接测量生物信息的脑机制测评技术。

2.5.2 创造力的影响因素

创造力的产生是一种复杂的、多层次的现象,创造力随着时间的推移而逐渐显现。员工创造力的前因变量很多。在管理科学的多个学科中,学者们从个体、团队、组织等多个层次,对创造力的影响因素开展了大量研究。

(1)个体层面。个体层面的影响因素主要为个人特质,个体特质主要包括人格特征、动机和情感、知识与技能、认知风格、价值观等因素。Amabile认为个体的动机是点燃创造力的关键因素,很多实证研究证实了这一观点。Grant和Berry基于动机性信息加工理论,提出内在动机能够显著影响员工创造力,并且亲社会性调节了其中的内在关系。Schoen发现个体的成就动机能够显著影响员工创造力等。因此,个体的动机因素对于创造力具有很大的影响,并且主要通过情境因素的交互发挥作用。

（2）团队层面。近年来，对团队层面的创造力影响因素研究也取得了显著进展，可以分为团队结构、领导风格两个方面。Shin等研究了团队异质性和员工创造力之间的关系，发现团队成员的创新自我效能感能够显著调节团队异质性对于员工创造力的正向影响。Xiong等研究发现，团队成员之间的知识隐藏会很大程度上制约员工创造力的形成，因此培养协作和知识共享型的团队对于员工创造力非常有益。Rong等研究了高层管理团队中学习、信任和创造力之间的关系，并且发现团队学习能够通过团队信任促进团队创造力，而团队反思起到了正向的调节作用。由此可知，团队特征能够显著影响团队成员的创造力，因为团队的协作、信任和分享等对于员工创造力的形成具有很强的促进作用。

领导风格与员工创造力之间的关系一直是组织行为学研究中的热点话题。例如，Shin研究发现变革型领导能够通过影响下属的内在动机进而影响创造力；张鹏程等研究发现魅力型领导能够通过作用于下属的心理机制，进而激发创造力；Wang等研究发现谦卑型领导通过影响下属的内在归因和心理安全进而提高员工创造力。此外，团队中的领导风格对团队创新有着直接、强相关影响。研究发现，分享型领导风格等都对团队创造力具有积极影响。当领导与下属的认知风格匹配时，个体创造力对员工的绩效有积极影响。

综合来看，对于下属持有支持性和不加控制的领导行为会更有利于员工的创新，因为这些领导风格可以通过影响个体内在心理过程和激发内在动机，进而促进创造力的产生。

（3）组织层面。组织层面影响创造力的因素包括与管理有关的因素、知识利用和网络、结构和战略、文化和氛围等。在学者们的研究中，很多都探讨了不同人力资源实践对于激发个体创造力的作用。研究结果表明，提供培训和员工参与实践、使用绩效薪酬体系、实行弹性工作时间、强调工作多样性和自主权的组织以及具有人力资源灵活性的组织，其创造力水平更高。组织学习对于创造力的产生也具有积极影响。其他研究考察了微观制度力量的作用，如规范性（即制度的价值和规范）、文化认知的力量（如组织成员之间的意义共享系统）、结构集成以及创新策略在组织创造力中的作用。研究发现，支持创新的氛围有利于组织层面的创新。

2.5.3 职业使命感对创造力的影响

针对职业使命感对创造力影响的相关研究不多，目前的研究主要集中在职业使命感对创新绩效的影响、职业使命感对创新行为的影响、感知组织支持与员工创造力的关系，以及创造力的形成路径等方面。

在职业使命感对创新绩效的影响方面，通过调查问卷发现，职业使命感是影响员工创新绩效的内在机制，也就是职业使命感显著正向影响创新绩效，而且自主动机在其中起中介作用。姚柱等则研究了高管团队(Top Management Team, TMT)的工作职业使命感对创新绩效的影响，通过对企业高管进行调查，发现TMT的工作职业使命感可以提升企业创新绩效。

在职业使命感对创造力的影响方面，Duan等研究了感知到的组织支持与员工创造力的关系，研究发现感知到的组织支持、职业使命感有助于创造力的提升，职业使命感在其中起着中介作用。

在研究人群方面，有研究聚焦了具体的职业群体，包括护理工作者和技能人才。通过对477名护理管理者的调查，发现他们的职业使命感会促进工作投入，并进而提升其创新行为。也有研究从职业使命感的角度研究了新技能人才创造力的形成路径，发现职业使命感通过多重中介创新自我效能和内在动机，从而对创造力产生作用。

但目前对职业使命感与创造力关系的研究并没有上升到理论高度，而且并不能针对技能人才的职业特点测量职业使命感，从而不能更清晰地探究职业使命感对创造力的影响。

2.6 新质生产力综述

当今世界正经历百年未有之大变局，我国如期开启全面建设社会主义

046 人才是第一资源

现代化国家新征程,踏上了实现第二个百年奋斗目标的赶考之路,我国正处于实现中华民族伟大复兴的关键时期。相较过去,我们取得了前所未有的成就,迎来了从"站起来""富起来"到"强起来"的伟大飞跃,这既是我国解放生产力、发展生产力的必然结果,也是我们党始终代表中国先进生产力的发展要求的必然成果。生产力水平的高低,对于我国经济社会发展具有重要影响。2023年,习近平总书记在黑龙江考察期间,创造性提出"新质生产力"的概念,并在二十届中央政治局第十一次集体学习时系统阐述了什么是新质生产力、如何发展新质生产力。

在新征程上,我们必须充分利用促进生产力发展的各种形式,不断突破生产力发展的现实束缚,以继续解放和发展生产力,全面建设社会主义现代化国家,实现中华民族伟大复兴。因此,深入研究习近平总书记关于生产力的重要论述,对于解决我国现实问题,实现中华民族伟大复兴具有重要的理论意义和现实意义。下文从新质生产力的基本内涵、重大意义以及对技能人才的要求3个方面进行简述。

2.6.1 新质生产力的基本内涵

习近平总书记创造性提出的新质生产力紧密结合现代科技创新的动态进展,对生产力的三个基本要素持续改造升级,以更高科技含量的劳动资料、更广范围的劳动对象和更高素质的劳动者为基本要素,通过技术革命性突破、生产要素创新性配置、产业深度转型升级,形成以科技创新为核心、以战略性新兴产业和未来产业为阵地的生产体系,在低投入、低消耗、低污染的"三低"要求下,推动跨越性发展,实现高附加价值、高经济效率、高社会效益的"三高"效应。

概括地说,新质生产力是创新起主导作用,摆脱传统经济增长方式、生产力发展路径,具有高科技、高效能、高质量特征,符合新发展理念的先进生产力质态。从根源来看,生产力是指劳动者与劳动资料相结合,形成的一种改造和利用自然的能力。这种能力不仅具体实用,而且集生产能力、生产水平、生产效率及生产潜力于一体。生产力的核心构成包括劳动者、劳动对象和劳动资料三大要素,因此,可以将生产力理解为这三者互动合作的一个体系。生产力的发展水平最终决定了社会的进步程度,社会的进步过程实质上是生产力不断进化的过程。新质生产力则标志着人类对自然界的改造方法和技术有了显著提升,它通过将大数据、人工智能、互联网、云计算等前沿科技与高水平的人力资源、现代化金融服务等元素深度融合,推动新兴产业、技术、产品和服务模式的诞生。这一转变过程促进了更高品质、更高效率、更加可持续发展的模式的快速发展,象征着生产力发生了质的飞跃。在这一进程中,也孕育出新的劳动者、劳动对象和劳动资料。

新质生产力是创新起主导作用的先进生产力质态,特点是创新。把握新质生产力,关键在于深刻认识创新在提高生产力中的关键性作用。新质生产力不是传统生产力的局部优化与简单迭代,而是由技术革命性突破、生产要素创新性配置、产业深度转型升级催生的先进生产力,必将带来发展方式、生产方式的变革,推动我国社会生产力实现新的跃升,为全面建设社会主义现代化国家奠定更加坚实的物质技术基础。

2.6.2 新质生产力的重大意义

党的十八大以来,以习近平同志为核心的党中央把坚持高质量发展作为新时代的硬道理,一以贯之不断解放和发展社会生产力,作出一系列重大决策部署,推动我国经济迈上更高质量、更有效率、更加公平、更可持续、更为安全的发展之路,生产力水平实现了巨大提升、突破性发展,形成了生产力发展的新质态。习近平总书记关于发展新质生产力的一系列重要论述,深刻回答了"什么是新质生产力、为什么要发展新质生产力、怎样发展新质生产力"的重大理论和实践问题,指明了推动高质量发展的重要着力点,体现了对生产力发展规律和我国发展面临的突出问题的深刻把握,是对我国经济建设规律的认识深化和深刻总结,具有重要的理论意义。

一是加快发展新质生产力体现马克思主义生产力理论的创新和发展。生产力理论是马克思主义政治经济学的基本理论。生产力是人类改造自然时从事实践活动的生产能力。生产力是由很多因素共同决定的,其中包括:

工人的平均熟练程度,科学的发展水平和它在工艺上应用的程度,生产过程的社会结合,生产资料的规模和效能,以及自然条件。可以看到,生产力是一个复杂的系统性概念,基本要素是劳动者、劳动资料和劳动对象。另外,自然、管理、科技等要素在生产中也起到了重要的作用。生产力不是静态的,而是发展和变化的,生产力的发展是社会历史发展的物质基础,是人类社会发展的决定性力量。人们所达到的生产力的总和决定着社会状况。生产关系必须适应生产力发展的状态,当生产关系与生产力发展不相适应时,就会出现矛盾,就会阻碍生产力发展。因此,生产力与生产关系的矛盾运动构成了社会形态发展的根本动力。

二是加快发展新质生产力指明生产力发展的新方向。人类社会现代化的历史进程,就是一部生产力发展的历史。随着经济社会的发展,新的生产力会不断取代旧的生产力,成为推动经济社会进步的主要动力。每一次新的生产力的跃升,都以传统生产力发展到一定水平为基础和条件,并且随着时间的推移,现实生产力终将被未来更新的生产力所替代,这是一个持续不断迭代的过程。2024 年 3 月,习近平总书记在湖南考察时再次强调,要在以科技创新引领产业创新方面下更大功夫❶。可以说,新质生产力的提出,体现了以科技创新推动产业创新,以产业升级构筑新竞争优势、赢得发展主动权的信心和决心。党的二十大明确指出,我国已进入创新型国家行列。现在,我国的前沿性、基础性、原创性技术创新及其能力已经有了很大提高。但一些发达国家借助自身的技术垄断,不断制造各种冲突和脱钩,企图以不公平的手段拖慢我国在新一轮科技革命和产业变革中的发展。我们必须以科技创新推动产业创新,以产业升级构筑竞争新优势,加快形成新质生产力,抢占发展制高点,赢得发展主动权,加快实现高水平科技自立自强。正如习近平总书记所强调,在激烈的国际竞争中,我们要开辟发展新领域新赛道、塑造发展新动能新优势,从根本上说,还是要依靠科技创新❷。

---

❶ 《习近平在湖南考察时强调　坚持改革创新求真务实　奋力谱写中国式现代化湖南篇章》,《人民日报》2024 年 3 月 22 日。

❷ 《习近平在参加江苏代表团审议时强调　牢牢把握高质量发展这个首要任务》,《人民日报》2023 年 3 月 6 日。

三是加快发展新质生产力彰显中国话语和中国理论的世界意义。社会主义的根本任务是解放和发展社会生产力,社会主义相对于资本主义的优越性就体现在能够更快、更好地发展生产力。在强国建设、民族复兴新征程上,我们要立足中国实践,全面总结中国经济发展经验,努力揭示中国经济发展伟大成就背后所蕴含的规律性认识,从历史和现实、理论和实践相结合的角度深入阐释如何更好坚持中国道路、弘扬中国精神、凝聚中国力量。新质生产力的提出,为我们推进和构建中国话语和中国理论提供很好的示范。这一理论把马克思主义生产力理论与当代中国经济发展的实际相结合,深刻总结我国生产力发展的实践经验,把握世界生产力发展的客观规律,从实际出发进行理论总结、理论创新,不仅为推进中国式现代化提供了理论指导,而且具有重大世界意义。

2.6.3　新质生产力对技能人才的要求

专业技术人才,即技能人才,是具备专业知识、掌握专业技术或技能,能够在生产实践中熟练应用自己掌握的技能知识的人。技能人才在区域产业发展、技术产品更新中起着重要作用,能将研发人员的设计转化为具体的实物产品,属于知识型员工的一种,是具有创新能力的劳动者。他们是工业社会生产力的基础力量,其技能水平直接决定了社会供给能力的高低,更是我国加快培育发展新质生产力、推动高质量发展、全面建设社会主义现代化国家的生力军。

当前,发展新质生产力对技能人才提出了新的要求。一是更加突出创新性。创新起主导作用是发展新质生产力的关键要素。持续提升人才创新素质,是形成新质生产力的最本质要求。具体到交通运输行业,交通运输人才队伍是推动交通运输科技创新转化为新质生产力的主体力量。发展交通运输领域新质生产力,关键是要打造一支想创新、敢创新、能创新的交通运输人才队伍。二是更加突出战略性。要求将人才作为实现民族振兴、赢得国际竞争主动的战略资源,推动人才高质量发展,形成人才新质态,为新质生产力提供坚实战略支撑。三是更加突出高水平。高技能人才是新质生产力的关键环节。高技能人才能够将先进的科技理念、方法、技术应用到具体的产业和产业链上,推动产业结构优化升级,提升产业的国际竞争力,为新质生产力提供智力支撑,为高质量发展提供质量保障。四是更加突出数字化。随着新质生产力的发展,劳动者、劳动资料、劳动对象及其优化组合得以跃升,新旧产业能级转换过程中,颠覆性技术和前沿技术催生新产业、新模式、新动能、新职业,迫切需要适应数字经济、智慧经济发展的劳动者。

习近平总书记指出,要按照发展新质生产力要求,畅通教育、科技、人才的良性循环,完善人才培养、引进、使用、合理流动的工作机制❶。新质生产力对人才建设提出了更高的要求。高素质的劳动者是新质生产力的第一要素。人才与创新紧密联系,作为创新的根基,人才是创新活动中最为活跃、最为积极的因素,创新驱动实质上是人才驱动。发展新质生产力,归根结底要靠人才实力。在新质生产力的发展过程中,人才既是创新的发起者,也是技术应用的实践者,更是制度变革的推动者,是新质生产力的核心要素。

新质生产力的兴起和发展,不仅代表了生产力发展的新趋势,也为经济社会的全面进步开辟了新的道路。通过深入研究新质生产力的特点和作用机制,可以更好地指导实践,推动技术创新和产业升级,最终实现经济结构的优化和社会的全面发展。因此,当前亟须稳定技能人才队伍、培养提升其创造力。

2.7 本章小结

围绕研究问题,本章分别对职业使命感、心理所有权、人-组织匹配、创新力的国内外相关文献进行了梳理、分析与总结,并简述了新质生产力理论内涵,为后续研究打下了坚实的理论基础。通过文献综述,发现现有研究仍存在不足。

---

❶ 习近平:《发展新质生产力是推动高质量发展的内在要求和重要着力点》,《求是》2024年第11期。

(1)对技能人才职业使命感的内涵与维度尚不明确。

通过对职业使命感的研究样本进行归纳总结,发现对于技能人才的职业使命感研究相对匮乏。关于职业使命感的研究对象,主要集中在教师、学生、企业职工、医护人员等特殊群体,而针对技能人才的职业使命感的研究则很少,丰富这一领域的研究具有非常重要的现实意义。当前我国已经成为制造业大国,但同时也面临着产品附加值不高、产业大而不强、高端消费外流的窘境。这些现象都与长期忽视具有工匠精神的技能人才培育相关。技能人才职业使命感测量和其他职业的职业使命感测量具有一定的差别,现有的职业使命感量表也不再适用,开发中国情境下技能人才维度和测量量表迫在眉睫。因此,唤起技能人才的职业使命感,激发其创造力,具有重要的现实意义。

(2)对技能人才职业使命感的作用效应理论解释尚无一致性定论。

尽管对职业使命感的研究已经开展了很多年,并已取得丰硕的研究成果,但其理论研究和应用实践还有较大提升空间。目前,学术界基于社会认知理论、生涯构建理论、自我决定理论等理论,解释职业使命感的作用机制,但是驱动人们表现出积极态度与行为的内在动机是什么不得而知。本书通过对文献的梳理发现,心理所有权是通过占有感和对目标物的心理依赖感而产生的,职业使命感通常能够赋予工作极强的价值感和意义感,并且能够相应地促进员工个体对工作价值意义的认识,促进员工对工作产生自我意识,从而感知到对所从事工作的所有权,使自己对工作产生更强的心理所有权。因此,可以推演认为,职业使命感对心理所有权具有积极影响。

目前对于心理所有权前因变量的研究,主要从工作特征及其环境、价值观、自尊、性格特征、人际交往等个体因素和领导方式等方面进行。拥有职业使命感的个体,根据自己特别的天赋,通过内心感受到命中注定的责任,从个体因素和工作特征两方面对心理所有权产生影响。具有职业使命感的员工能够赋予自身工作极强的意义感,通过影响个体行为的动机,促进与所有权目标物的关系,通过对工作的自主性选择和决策,与心理所有权产生紧密的相关性。因此,职业使命感能够从个体因素和工作特征两方面影响心理所有权,而以往学者都是从单方面对心理所有权产生作用的角度进行研究,因此,构建职业使命感与心理所有权的关系十分必要。

(3)缺少对技能人才职业使命感与创造力作用机制的研究。

研究表明,职业使命感对于员工创造力具有显著正向关系。但是,职业使命感对员工创造力影响其中的作用机理是什么,技能人才职业使命感对创造力影响作用机制是什么,尚不明确。目前对于职业使命感与创造力关系,多选择组织容错氛围、组织文化类型、组织创新文化和员工在管理情境下的原型问题解决能力等作为调节变量,这些变量有的从组织层面出发,有的从员工个人层面出发,没有综合考虑职业使命感对创造力的关系受两方面的共同影响。同时,以往研究普遍忽视了对心理所有权在职业使命感与创造力的影响效应和作用机制的探讨。

根据本章的探讨可知,职业使命感能够影响个体创造力,并且通过激发心理所有权来进一步提高创造力,而个体与组织匹配程度是这一过程发挥效果的边界条件。依据资源保存理论,当个人特征与组织之间的匹配程度较高时,组织可以赋予个人更多优质资源,个体可以感受到工作的组织就是自己价值观的延伸,职业使命感与个体所追求的自我目标高度一致时,更可能形成积极的良性循环,产生更多与组织的互动,进一步助推创造力的形成。而当个人特征与组织之间的匹配程度较低时,个体目标与团队目标的背离会产生更多的消极情绪,不利于形成良好的组织环境,更不利于创造力的形成。因此,根据心理所有权理论和资源保存理论,探讨职业使命感对技能人才创造力影响的"黑箱"中介作用。同时,以人-组织匹配来调节职业使命感和创造力的关系,可以更系统地阐释职业使命感的作用机制,拓展职业使命感对创造力的影响作用的研究领域。

3

技能人才顺应新质生产力 发展要求的实现路径构想

3.1 研究对象

技能人才创造力是组织创新及竞争优势的重要来源,是影响组织效能和组织生存的重要因素。技能人才创造力主要指对生产工艺、操作过程的不断改进和优化,以及提出新的解决实际问题的思路,更加强调创新的实用性和可操作性。尤其是当下,我国部分领域面临着严重的"卡脖子"问题,核心技术受制于人,芯片技术更是处处受人掣肘。这些现象的背后是生产工艺和生产技术方面的创新不足,以及技能人才创造力的缺乏。

不同时期,技能人才的概念有着不同内涵。春秋时期,管仲对国民层次进行了划分,包含商人、工匠、军士和农民几类,这是国内技能人才的最初雏形。古希腊时期,柏拉图将国民分为农民、哲学家、商人、手工业者和战士几类。中世纪时期,工厂产生使得技能人才逐渐走向职业化道路,如技手、技术师等。新中国成立后,我国对技能人才技术等级展开了等级为四至八级的不同划分,后来固定为五级制。如今,大数据、人工智能、数字技术等新兴技术的飞速发展使得生产一线的运行和组织发生深刻变化,供应链平台化、生产和服务组织横向整合,产品和服务定制化,智能产线和设备应用产生劳动力的技能替代等改变正在更加深刻地影响着工作现场对劳动者工作能力的要求,人力资源和社会保障部将原有的五级技能等级延伸和发展为八级技能等级。

我国相关部门对技能人才的定义主要侧重于其专业能力。《中华人民共和国职业分类大典(2022年版)》将技能人才定义为从事技术技能工作,具备专门知识或操作技能,并在实践中能够运用技术和技能进行实际操作的人员。这类人才通常需要经过专门培训或职业教育,掌握特定职业(工种)的技术规范、操作流程和质量标准,能够完成技术性、技能性较强的任务。人力资源和社会保障部在《高技能人才队伍建设中长期规划(2010—2020年)》中对高技能人才进行了定义,即具有高超技艺和精湛技能,能够进行创造性劳动,并对社会作出贡献的人。2022年,人力资源和社会保障部在《重构职业技能等级制度是新时代技能人才队伍建设的必然要求》中指出,技能人才的主体是生产和服务一线的技术工人,是工业社会生产力的基础力量,其技能水平直接决定了社会供给能力的高低。部分学者也从专业能力的角度对技术人才进行了定义。Bernard等认为,技能人才是能够在本生产部门独当一面,能够快速处理设备、工艺和工程难题的工人,并且是本公司不可或缺的重要力量。赵荣芬提出,技能人才是在服务等领域岗位一线的从业者中,具备精湛专业技能,能在关键环节发挥作用,能够解决生产操作难题的人员。

一些学者则从政府的技能人才评价体系的角度对技能人才进行界定。李昱认为,政府对技能人才的认定,是通过政府授权的考核鉴定机构,对劳动者的专业知识和技能水平进行客观公正、科学规范的评价与认证产生出来的。因此,技能人才是具有某一特定领域技能的人才。通常通过职业技能考核鉴定、职业技能竞赛形式确定。谌新民等将技能人才定义为具备一定的专业知识和技能,在生产制造等一线岗位创造实物价值并取得国家职业资格等级证书的人员。杨洁提出,技能人才指的是从事于生产、运输和服务等行业,担任关键性岗位,拥有较高水平的职业素养及专业技能,能够灵活运用技术和能力进行实际操作的人员,主要指取得初级工、中级工、高级工、技师和高级技师职业资格的人员。

但是,仅从政府的技能人才评价体系角度对技能人才进行定义过于僵化。部分学者基于技能人才与岗位相互依存的特征对技能人才进行定义。孔宪香认为,技能型人才是针对操作和维修的人才而言的,一般来说其相关工作经验时间较长并经过专门的培养和训练,掌握了基础的岗位理论知识,同时具有较高的技术水平和创新能力,能够独立解决突发问题和决定性问题。张利川则将技能人才定义为在第二、三产业中的基层一线岗位,掌握某一职业工种的专业技能,相对理论知识来说,实际操作能力更强的劳动者。部分学者认为创新能力也应是技能人才的要求之一。郭丹等对技能人才的定义进行补充时提到,技能人才在区域产业发展、技术产品更新中扮演着重要角色,能将研发人员的设计转化为具体的实物产品,属于知识型员工的一种。何丽把技能人才定义为拥有基础的理论知识,掌握了现代设备的使用与维修,在生产和服务领域中能完成一定技术难度或关键动作,并有创新能力的劳动者。技能人才更加凸显了工作中的实际操作能力,强调了自然规律和科学原理的"为我所用"。

本书研究的技能人才群体,即是工作在基层从事生产、服务等一线工作的群体,他们具有较高的技术水平、实际操作能力,能够熟练操作设备并能独立完成相关的生产任务、解决生产中遇到的技术难题;能够将科技研发人员的设计理念、创新创造工艺通过技术精进和一线操作,转化为产品、工艺或服务。

3.2 总体构思

中国情境下的技能人才工作特征决定了他们的工作内容以操作型的技术工作为主。在中国文化背景下,存在着很强的"学而优则仕"和"万般皆下品,惟有读书高"的传统观念,技能人才作为"蓝领"阶层,往往难以得到社会的普遍认可。在这种观念的影响下,技能人才往往只把自己的职业当作一份工作,而不是将其视为可以奋斗终身的事业。因此,他们往往难以深耕本职工作,在工作岗位上也难以形成很高的创造力。这种现象的背后,则是技能人才职业使命感的缺乏和精神的"疲软"。职业使命感作为个体的一种复杂心理体验,影响了技能人才自我认知与个人身份的同一性。具有较高职业使命感的个体会将个体自身的价值实现和工作意义紧密联系,通过工作的完成实现自我价值。具有职业使命感的人更加在意自我实现时的满足感,还有创造与众不同价值的机会,相反他们并不是太在意物质利益。职业使命感能够带来很大的内驱力,在激发个体工作积极情感的同时,能够重塑个体对于工作的认知,进而对个体的行为表现产生显著影响。

同时,职业使命感对个体行为表现的影响,很大程度上取决于情境特征的作用。尤其是对于中国情境下的技能人才而言,职业使命感决定了他们个人价值的自我实现形式,以及由此而来的意义感和目标性。

技能人才的职业使命感相较于其他职业群体存在很大的差别。一方面,技能人才的工作以重复的操作型的工作为主,需要注入更多的对工作的热爱和坚守,因为精湛的技艺来源于在工作中的不断磨砺和学习。另一方面,技能人才的工作内容往往较为单一,缺乏多样化的工作形式和工作方法,工作的绩效表现取决于个体是否能够在工作中精益求精,不断追求更好和更加极致的工作结果。同时,国外研究中职业使命感的概念起源于西方个人主义文化中的宗教主义,主要认为职业使命感来源于上帝的感召和天职取向的认知。然而,在以中国为代表的东方集体主义文化中,职业使命感来源于对集体和组织的担当,因而更加注重个体工作中的利他贡献和意义价值。在中国集体主义文化背景下,个人与组织的契合程度决定了职业使命感发挥作用的强弱,以及由此带来的对个体创造力的影响。

根据心理所有权和资源保存理论,个体和情境因素(包括工作自主性、社会支持和工作资源等)是产生自我积极认知的心理条件因素,也是个人的积极心理资源。当个人与组织氛围匹配时,便可以产生资源的增益螺旋。职业使命感恰好能够充分满足这种心理因素。也就是说,工作特征有可能是影响职业使命感的一种内在因素。具有职业使命感的技能人才能够具有更强的工作自主性,具有对工作的占有感和自豪感,个体对其所有权的目标物会产生积极情感,并且激发责任意识,产生积极的自我认知,具有更强的心理所有权。职业使命感能够赋予工作极强的价值感和意义感,并且能够相应地促进员工个体对工作的价值意义的认识,从而推动技能人才产生创造力。因此,本书基于心理所有权理论和资源保存理论,构建了中国文化背景下技能人才职业使命感影响个体创造力的心理模型(图3-1),以双维理论视角揭示技能人才职业使命感影响个体创造力的内部机理,以及相应的作用机制和边界条件。

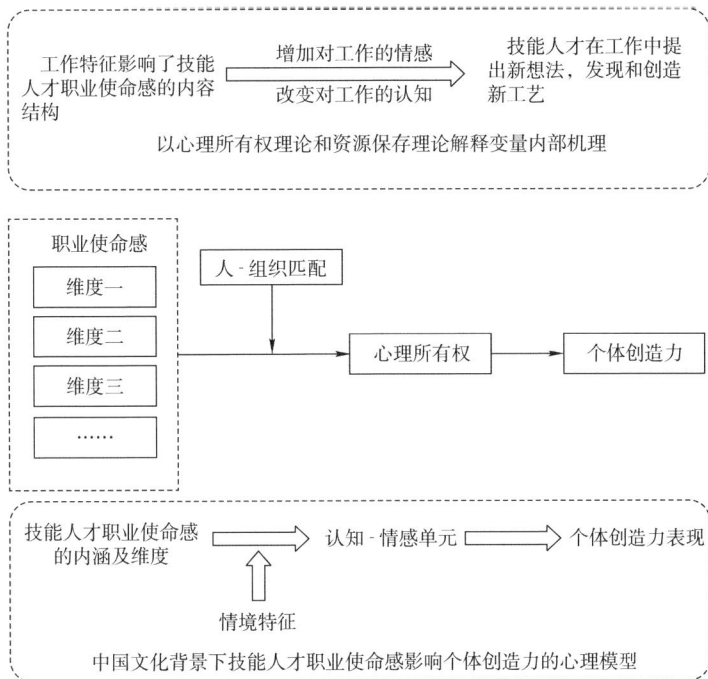

图3-1 技能人才职业使命感影响个体创造力的心理模型

3.3 技能人才职业使命感的内容结构及测量

本部分通过质化研究设计,运用扎根理论分析方法归纳提炼出中国情境下技能人才职业使命感的内容结构和测量模型。由于现有职业使命感的量表并不是针对技能人才提出的,因此为了完成本部分的研究目的,准确测量技能人才职业使命感,有必要对技能人才这一群体的职业使命感进行开发。本书参照Churchill的量表开发程序,遵循目的明确性、题项适当性、可行性和可测性的量表开发原则,通过扎根理论分析,提出技能人才职业使命感的五个维度,同时开发了技能人才职业使命感量表,为后续研究奠定基础。

3.4 基于中介和调节作用的技能人才职业使命感对创造力的影响

　　本部分主要实证检验质化研究得到的理论概念模型,以及技能人才职业使命感对创造力的影响模型。主要包括两部分内容:第一部分,理论和假设提出,整合现有的理论研究和文献研究的观点,提出研究假设。第二部分,对假设进行实证检验,采用问卷调查的方法收集数据,运用SPSS和AMOS等软件对问卷调查数据进行实证检验,从中揭示中国情境下技能人才职业使命感对其创造力的影响效应、中介机制和调节机制。

技能人才职业使命感的
理论模型构建

4.1　顺应新质生产力发展要求的技能人才职业使命感内容结构研究

　　在新质生产力发展逻辑中找准技能人才培养定位,推进技能人才培养模式改革,将有效促进区域经济社会发展、加强科技产业深度融合和高校自身的高质量发展。近年来,人工智能、大数据、云计算等数智技术加速演进,在重塑社会组织结构和现代产业的同时,衍生出一系列新产业、新业态、新模式和新的生产关系,劳动资料亦愈加智能化。从创新链、产业链的人才需求角度看,既需要加强拔尖创新人才培养,造就大批科技领军人才,也需要大量能掌握关键和颠覆性技术的应用技术型人才。应用技术型人才主要面向战略性新兴产业、未来产业和由颠覆性技术改造的现代产业领域,强调掌握"复杂技术"和"集成技术"的人才培养导向,主要特征体现在:对数智技术及其进化规律有清晰的认知,掌握关键和颠覆性技术的新知识和新方法,能应用数智化高精尖设备进行生产,善于捕捉和解决技术问题并开展技术研发,具备技术可持续发展能力以应对关键和颠覆性技术对岗位新需求的催生,以及在技术实践活动中面临技术伦理困境时能采取正确的行动等。

　　当前,新质生产力对技能人才队伍提出新要求,更加突出技能人才的创造力、创新性、高质量。如何顺应新质生产力发展要求、打造具有高水平创造力的技能人才队伍? 职业使命感为解决该管理问题提供了全新视角。目前学术界对职业使命感的研究主要有两种取向:一是一般意义的职业使命感,即并不针对某个具体职业,主要指个体对于劳动或工作的价值认知;二是针对某类明确职业的使命感,反映了个体对于特定职业或工作内容的情感、认知和态度等。纵观国内外关于职业使命感的研究发现,对其维度划分和内涵解释,并未形成统一的认识。

　　针对职业使命感的维度划分,在单维度结构研究领域,主要有 Wrzesniewski 等基于新古典主义定义视角研究得出单一维度的职业使命感量表,但是该量表指向的是单一职业领域,具有局限性,因此并未得到大范围推广。Bunderson 和 Thompson 以 Spreitzer、Wrzesniewski 以及 Pratt 和 Ashforth 的研究为基础,同样基于新古典主义视角开发出了单一维度的职业使命感量表。Dobrow 和 Tosti-Kharas 研究认为职业使命感是单维度结构,并编制了单维度职业使命感量表,包括 12 个题项的职业使命感量表,在音乐、艺术、商业、管理这 4 个独立的、有区别的职业领域的检验结果表明,其信度与效度具有跨时间、跨情景的稳定性、一致性与可靠性。

在职业使命感的多维度结构研究领域,最具有代表性的是 Dik 和 Duffy 的观点。他们认为,职业使命感是一种源于自我并超越自我的召唤,其目的是以能够体现或获得意义感的方式去践行某种特定角色。在这一概念的定义下,使命感内涵包括 3 个维度:第一个维度是外部因素的推动,如上帝、社会需要、家族传统,可以激发个人朝向特定方向的程度;第二个维度是个体从事某些工作的目的意识、意义感;第三个维度是亲社会动机。

根据现有研究,Dik 等编制了职业使命感量表,包括追寻职业使命感与拥有职业使命感两个维度,每个维度又细分为超然的召唤、工作的意义感和亲社会性,这个职业使命感量表在西方文化背景下实现了广泛应用。Boyd 提出职业使命感包含目标性和亲社会性两个维度。Praskova 等认为使命感是源自内心而非外在力量驱使,职业使命感分为 3 个维度,分别是他人导向意义感、个人意义感、使命发展过程的积极参与感,并同步研究开发了一项包括 3 个维度共 15 个题项的量表。这 3 个维度的构想及量表在东方文化背景下以韩国企业新员工为对象得到了实证检验。Hagmaier 和 Abele 也认为职业使命感有 3 个维度,分别是人与环境的匹配,对工作的认同,意义感、价值驱动行为和导向力。

在国内研究中,贾文文采用案例研究法,探索发现老科学家职业使命感是多维结构,包括 4 个维度,分别是责任心、目的与意义感、亲社会行为与长期性。张春雨以 210 名我国高校在校大学生为研究对象,通过扎根研究,构建职业使命感模型,维度包括导向力、利他贡献、意义和价值。童静探讨了中国文化情境下企业员工对使命感的理解,认为职业使命感包括亲社会性、召唤体验、内在激励和职业意义4个维度。廖传景等以中小学教师为研究对象,发现职业使命感包括使命唤起、利他奉献、职责担当和职业坚守4个维度。但是学界从未对技能人才的职业使命感内涵进行阐释。周晓雪等在以职业使命感视角研究新时代技能人才创造力的形成路径的研究中所使用的量表也是修正后的由Dik等研究开发的职业使命感6题量表。因此,要研究技能人才职业使命感的内涵结构,需要对其重新进行维度划分和量表开发。

综上分析,由现有研究可知,导向力、意义和价值、利他贡献3个维度普遍被学者认为是职业使命感的3个基本维度。其中,导向力强调的是职业使命感具有一种牵引、指引的力量。这种力量可以是外部的,比如国家号召、家族期望等,也可以是内在的,比如个体内在的需要、努力实现目标等。意义和价值强调的是个体的职业角色与其自身设立的人生目的、个人兴趣等契合一致,将职业使命看作个体人生意义的一种延伸。利他贡献强调的是,职业使命感为他人、社会提供帮助和服务,乐于奉献的精神内涵。

技能人才是我国人才队伍的重要组成部分,是完成产品研发设计到产品产出"最后一公里"关键环节的核心力量,决定了产品的品质和生产的效率。与所有的职业生涯发展一样,技能人才的职业生涯,也是一个不断前进、不断进阶的过程。技能人才相较于其他职业群体存在很大的差别。一方面,技能人才的工作以重复的操作型的工作为主,需要注入更多的对工作的热爱和坚守,因为精湛的技艺来源于在工作中不断地磨砺和学习。另一方面,技能人才的工作内容往往较为单一,缺乏多样化的工作形式和工作方法,工作的绩效表现取决于个体是否能够在工作中精益求精,不断追求更好和更加极致的工作结果。

同时,国外研究中职业使命感的概念起源于西方个人主义文化中的宗教主义,主要认为职业使命感来源于上帝的感召和天职取向的认知。然而,在以中国为代表的东方集体主义文化中,职业使命感来源于对集体和组织的担当,因而更加注重个体工作中的利他贡献和意义价值。在中国集体主义文化背景下,个人与组织的契合程度决定了职业使命感发挥作用的强弱,以及由此带来的对个体创造力的影响。

当前,国家和社会对技能人才的要求越来越高。技能人才这一群体具有特殊性,其职业使命感也具有独特性。因此,本书参考张春雨开发的三维度量表,综合廖传景等学者的研究成果,根据技能人才的职业特点,增加了"职业坚守"维度。同时,在传统职业使命感测量的基础上,结合技能人才职业特点,引入"精益求精"这一新的维度,理论推导出技能人才职业使命感的结构5个维度模型:导向力、利他贡献、职业坚守、精益求精、意义和价值(图4-1),具体分析如下。

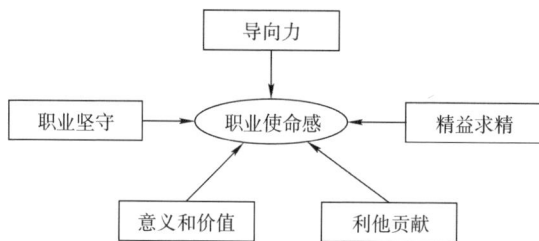

图4-1 技能人才职业使命感内容结构

(1)新时代背景下,技能人才是发展生产力的骨干力量,是国家工业制造业发展的助推器,肩负着培育经济新动能、实现经济高质量发展、发展新质生产力的时代使命。可以说,这是新时代赋予技能人才的责任。技能人才的使命感体现出技能人才对国家和社会所赋予使命的感知和认同,是从国家社会的责任担当角度来界定职业使命感。因此,"导向力"应是新时代背景下技能人才职业使命感的衡量维度,但更加强调是以责任感为驱动力的。

(2)在集体主义文化影响下,传统儒家思想的价值观影响个体职业使命感的形成。Dik认为,使命感是跨文化的概念,文化背景的不同会带来使命感的不同表达方式,比如在西方个人主义背景下,更加强调使命感对个人的意义,而在东方集体主义文化背景下,更加强调对国家、社会的贡献,即使命感的利他性。儒家文化中家国天下的思想,在中国人心中留下了深刻的印记。中国传统文化还可能使中国人的职业使命感受到国家、家族多方面的影响。在中国情境下,技能人才心怀执着坚守、默默奉献的家国情怀,更加强调为国家、社会作贡献。他们肩负使命,担当作为,拥有为国贡献、为社会助力的责任感、大局意识。因此,可以用"利他贡献"来定义处于新时代的技能人才的职业使命感内涵。

（3）技能人才具备一定的技艺和技巧、丰富的实践经验。这是基于技能人才工作岗位所要求的能力。在推动高质量发展进行产业换代升级过程中，新时代要求又推动他们立足岗位要求，不断改进和优化生产工艺、操作过程，提出新的解决实际问题的思路。他们为了自己的职业，更愿意付出持续的努力，全身心投入到自己从事的工作中。他们努力成为岗位不可或缺的人才，不断提升自己的适应能力、应变能力和创造能力，更加强调创新的实用性和可操作性。因此，更需要从"职业坚守"这个维度衡量技能人才的使命感。

（4）对于新时代的技能人才而言，他们的工作特征决定了他们的工作内容以操作型的技术工作为主。扎实的技术功底是技能人才的基本素养。过硬的技术和勇于创新的精神是现代技能人才该有的精神品质。为了制造完美的产品，技能人才不断磨炼提高自己的技术，对自己所从事的职业执着追求，有一种责任感，满怀敬畏之心，潜心研究，专注实践，一丝不苟地制造产品，勤勤恳恳地忠于自己的事业，体现出工匠精神。技能人才所从事的工作特性，都充分体现并强调了技术的重要性。然而，精湛的技艺、过人的技术，并不是一朝一夕就能够练就的，需要在工作实践中长期思考、学习、磨炼、实践。因此，通过实践分析和理论推演，"精益求精"可以作为衡量技能人才职业使命感的维度。

（5）工作的意义和价值是生活中追求的重要组成部分，但对工作的意义，每个人都有不同的理解。职业使命感的概念来源于西方，西方在文艺复兴时期，便形成了"工作是一种将人类与上帝发生联系的方式"的认知。随后，马克斯·韦伯曾经提出"工作是一种自我实现行为"，弗洛伊德则认为"工作是一种自我否定行为"。因为工作投入、出色，技能人才往往会感觉到自己肩负着某种特定的使命而投入工作，并努力在工作中不断地找到与自我认知相匹配的理念，找寻人生意义，获得幸福感。职业使命感是一种工作价值导向，是一种可以促使个体追求特定职业的激励力量，以及指向某一特定职业领域的强烈驱动力，并希望能从这份特定职业中获得意义感、责任感，可以实现个人价值的激情。因此,"意义和价值"可以作为衡量技能人才职业使命感的维度。

综上,技能人才的职业使命感可以从社会、行业和岗位职责3个角度划分为"导向力""利他贡献""职业坚守""精益求精""意义和价值"5个维度。"导向力",指个体所能感受到的一种引导自己从事当前的职业并且为之努力提升自己的一种力量;"利他贡献",即指个体希望通过自己的职业来帮助他人及社会,作出一定贡献的倾向性;"职业坚守",即强调技能人才在职业使命中的坚持和不放弃;"精益求精"即个体能够严格高标准要求自己,使自己能够更出色地完成职业任务;"意义和价值"即个体能否将个体所从事的职业与他们存在的意义和价值联结起来,将职业与报效国家联系起来。

4.2 技能人才职业使命感量表测量研究

4.2.1 量表开发流程

由于现有职业使命感的量表并不是针对技能人才提出的,因此为了完成本书的研究目的,准确测量技能人才职业使命感,有必要对技能人才职业使命感量表进行重新开发。本书参照 Churchill 的量表开发程序,遵循目的明确性、题项适当性、可行性和可测性的量表开发原则,设计了以下量表开发步骤:

(1)内容结构研究:通过文献研究明晰技能人才职业使命感的定义,探索其区别于一般职业使命感的特征。根据前文,参考目前已开发使命感量表维度,结合在新时代情境下技能人才的职业特征,对技能人才职业使命感内涵结构进行理论推演。

(2)形成初始测量问题项目:首先查找描述技能人才职业使命感的文献和语句,形成初步的测量问项表。然后针对技能人才的身份定位,对题项进行统一处理,将前后重复、意思相近的抽象描述进行整理,使之更为贴切具体。最后参考专家建议,通过修改和不断完善,确保语义准确,能够被个体正确理解。

(3)预调研与量表修订:采取小样本预测试的方法,收集技能人才样本数据。根据数据收集结果,以职业使命感5个维度所对应的测量指标为分析对象,采用主成分分析法来抽取共同因子,剔除因子载荷较低或因子载荷不清的题项,确保各个题项测量目的的明确性。为了保证因子分析所得结果有一定的实际意义,本书还采用了方差最大旋转法做进一步分析。

(4)量表检验:通过在更大范围进行调查,获得大样本数据,对预调研形成的量表进行测试,并进一步做统计分析。根据统计分析结果,剔除无效题目,对量表做进一步修改完善,并对修订后的量表进行信效度检验,以保证量表的稳定性、有效性、适用性。

(5)最终量表形成:通过上述步骤后,形成技能人才职业使命感最终测量条目。

4.2.2 初始题项提出

本书在编制技能人才职业使命感的初始量表时,采用了文献理论归纳、半结构化访谈等方法。

基于之前的研究,本书主要收集了职业使命感量表有关的测量题项58个。然后邀请3名从事人力资源管理研究的教授、1名管理学博士后和2名人力资源管理专业的博士研究生对这些项目进行了研究汇总整理,合并、删改了语义重复、表述模糊的题项,最后整理得到16个题项。

接下来选择交通运输行业的技能人才进行了半结构化访谈。通过访谈,获得了技能人才职业使命感的初步内涵。具体问题包括:请描述一下您从事的这项工作的特点;从事的这项工作是不是自己的使命;如何定义职业使命感等。本书选取了位于北京和广州的3家企业,共20名员工进行深度访谈。访谈的员工多为本科及以下学历,能够准确理解问题,其中男性13人、女性7人,这是因为从事技能工作的人员中男性员工占比比较多,故在取样时男性技能人才占比较多。员工年龄在22~40岁之间,各年龄段均有涉及。

通过访谈,得出3个自编题项。本书所构建的"导向力""利他贡献""职业坚守""精益求精""意义和价值"5个维度都有涉及,基本符合本书理论推演出的结构维度。

根据访谈结果,通过深入分析技能人才的特点及新时代对技能人才的要求,结合职业使命感的内涵,凝练总结出可以阐释技能人才职业使命感内涵的题项。并且参考张春雨针对大学生开发的量表中的维度内容题项,结合技能人才特点进行适当调整,增加了2个自编题项。最终,本书编制出的技能人才职业使命感的初始测量量表题项(表4-1)分为5个维度、21个题项。其中"导向力"包括4个题项,"利他贡献"包括4个题项,"职业坚守"包括4个题项,"精益求精"包括4个题项,"意义和价值"包括5个题项。

技能人才职业使命感初始量表 表4-1

维度	题项
导向力	在这份职业中,我强烈感觉到这就是我自己注定要去追求的职业
	我感受到有一种无形的力量召唤着我从事目前的职业
	与其他职业相比,我认为自己理所应当从事现在的职业
	我感觉自己注定从事现在这份职业
利他贡献	我从事的是有益于他人的职业
	我从事的是对社会有所贡献的职业
	我的工作可以满足社会需要
	我的职业虽然看似简单,但对社会有所贡献
职业坚守	在工作中遇到困难,我愿意付出努力
	在这份职业中,我感到自己非常投入
	我不会轻易地放弃自己的职业理想
	当我有其他工作机会时,我也不会改变自己的职业
精益求精	对于工作细节,我始终力求完美
	在工作过程中,我会不断思考如何更好地完成它
	在这份职业中,我努力避免出现缺陷或者不足
	在这份职业中,我为自己设定高于组织所要求的工作标准
意义和价值	我的人生价值很大程度上取决于自己从事的职业
	在这份职业中,我并没有感到枯燥乏味的体力劳动

维度	题项
意义和价值	从事现在的职业让我体验到了人生的意义
	在这份职业中,我寻找到了自己存在的意义
	我的职业是体现我人生价值的一种方式

4.2.3 预调研和量表修订

1)预调查样本与数据收集

将表4-1中初始题项构成的问卷借助专业数据收集平台面向企业技能人才发放。通过对问卷选项接收设置,将选择"不是技能人才"和选择"没有职业使命感"的问卷回答设置为自动拒绝,共收集到105份问卷结果,剔除掉问卷没有填写完整和填写时间过短的问卷12份,获得有效问卷93份,问卷填写有效率为89%。经过在专业平台的发放,能够得到全国多个省(自治区、直辖市)的数据结果。本次预调查,问卷结果覆盖山东、河南、四川等18个省(自治区、直辖市),共杭州、大连、青岛、银川等39个城市。样本中男性占比64%,女性36%;年龄主体分布在26~45岁之间,其中26~35岁占比51%,36~45岁占比27%;学历以本科为主,占比59%;88%的受调查者工作年限在3年以上,其中工作3~5年的占比36%,工作6~8年的占比24%,工作9~11年的占比12%,工作12年及以上的占比16%。样本中包括不同层次的技能人才,基层员工占比24%,基层管理者占比43%,中层管理者占比27%,高层管理者占比6%。总体来说,预调研的样本来源覆盖面较广,数据较多样,具有代表性。

2)信度分析

为了确保所构建的量表信度与效度,本书借鉴了已有的成熟量表,同时为了提高研究的可靠性、科学性、有效性,首先进行小样本预调研,收集数据并检验信度,以确保所开发量表的可靠性。本书选用Cronbach's Alpha(α)系数来测量信度,α系数应介于0~1之间,越接近1,表示量表内部一致性程度越高,信度越好,具体标准见表4-2。

信度检验标准　　　　　　　　表4-2

α系数	<0.7	0.7~0.8	>0.8
信度效果	一般	较好	非常好

分析结果显示,量表的α系数为0.942,表现出较高的信度。且每个维度也都表现出较高的信度,其中"导向力"维度的α系数是0.816;"职业坚守"维度的α系数是0.777;"利他贡献"维度的α系数是0.830;"精益求精"维度的α系数是0.791;"意义和价值"维度的α系数是0.844。

为了确保研究的严谨性,本书还采用了单项总体相关系数法(CITC)来进行综合评价。一般情况下,若题项的CITC值大于0.5,则表示程度最好;若CITC值小于0.5,则说明该题项缺乏合理性,可根据综合情况判断考虑是否将其删除。在本书开发的量表的各题项与总体的相关系数检验中,仅"职业坚守"维度的"当我有其他工作机会时,我也不会改变自己的职业"相关系数小于0.5(为0.487),其他所有题项与总体的相关系数均大于0.5。因此,题项应予以删除。删除该项目后,该维度的内部一致性系数α由0.777提升到0.873。经过信度分析的调整和删除后,技能人才职业使命感量表包括20个题项,量表的内部一致性α系数为0.944,表明量表的整体测量信度较好。

3)探索性因子分析

通过SPSS软件,利用探索性因子分析法(EFA)对初始量表进行处理降维,探索反映技能人才职业使命感的核心因子,力求找出变量的本质结构。

本书的探索性因子分析不事先设定因子数量,完全依赖收集到的数据资料发现技能人才职业使命感的核心因子,并探索各测量题项与潜在因子之间的相关程度。

首先,对样本进行Bartlett球形检验(Bartlett's sphericity test)和KMO(Kaiser-Meyer-Olkin)检验,确保其符合条件,可以进行因子分析。通常认为,Barlett球形检验显著、KMO在0.8以上可以判定为很适合进行因子分析。根据本书收集到的数据,测得结果显示,技能人才职业使命感量表的Barlett的球形检验显著,KMO系数为0.860,反映了技能人才职业使命感量表各个题项之间具有较强的相关性,符合进行因子分析的条件(表4-3)。

Bartlett 球形检验和 KMO 值 表 4-3

Bartlett 球形检验	近似卡方	668.954
	自由度	136
	显著性	0.000
KMO 取样适切性量数		0.860

随后,通过主成分分析法和方差最大旋转法求解共同因子。本书基于特征值大于1的标准确定提取公共因子,以因子载荷不得小于0.50作为题项的取舍标准,并且删除跨因子负载大于0.40的题项,避免因子载荷不清晰的情况,同时提取的因子累计方差解释率不得低于50%。在主成分分析中,本研究共提取 5 个因子,累计方差解释率为79.045%,表明提取出的因子对各题项的解释程度良好。进一步进行正交旋转后发现,"与其他职业相比,我认为自己理所应当从事现在的职业""我从事的是对社会有所贡献的职业""从事现在的职业让我体验到了人生的意义"3 个题项在多个成分中均存在较高载荷,即存在载荷不清晰的现象,因此将这 3 个题项予以删除。经过调整后,再次对新得到的量表进行探索性因子分析,结果显示新量表的KMO系数为 0.861。之后在因子分析中提取出 5 个共同因子,累计方差解释率为81.448%,大于80%,说明这 5 个维度能够较好地代表整组数据。而且,修改题项后的这两项指标相较于之前均有所改善,各题项在单一因子上载荷均大于0.5(表4-4),且不存在多个因子载荷不清晰的情况。经修正后的技能人才职业使命感量表的因子结构表现良好。

技能人才职业使命感量表各因子所属项目的因子负荷 表 4-4

序号	维度	题项	1	2	3	4	5
1	导向力	在这份职业中,我强烈感觉到这就是我自己注定要去追求的职业				0.882	
2		我感受到有一种无形的力量召唤着我从事目前的职业				0.877	
3		我感觉自己注定从事现在这份职业				0.759	
4	利他贡献	我从事的是有益于他人的职业		0.829			
5		我的工作可以满足社会需要		0.743			

序号	维度	题项	1	2	3	4	5
6	利他贡献	我的职业虽然看似简单,但对社会有所贡献		0.679			
7	职业坚守	在这份职业中,我感到自己非常投入			0.812		
8		在工作中遇到困难,我愿意付出努力			0.719		
9		我不会轻易地放弃自己的职业理想			0.670		
10	精益求精	对于工作细节,我始终力求完美					0.827
11		在工作过程中,我会不断思考如何更好地完成它					0.786
12		在这份职业中,我努力避免出现缺陷或者不足					0.744
13		在这份职业中,我为自己设定高于组织所要求的工作标准					0.695
14	意义和价值	我的人生价值很大程度上取决于自己从事的职业	0.871				
15		在这份职业中,我并没有感受到枯燥乏味的体力劳动	0.827				
16		在这份职业中,我寻找到了自己存在的意义	0.820				
17		我的职业是体现我人生价值的一种方式	0.791				

4.2.4 量表检验

1)描述性统计

在预调研之后,将完善后的量表制成问卷,经由专业数据收集平台进行发放,主要面向企业技能人才。在问卷设置时,将"不是技能人才"和"没有职业使命感"的问卷自动拒绝,最后共收集到397份问卷结果,剔除掉问卷没有填写完整和填写时间过短的问卷17份,获得的有效问卷达到380份,填写问卷达到96%的有效率。问卷经过专业平台的发放,能够得到全国多个省

(自治区、直辖市)的数据结果。本次预调查的问卷结果覆盖安徽、福建、甘肃等26个省(自治区、直辖市),共安庆、沈阳、佛山、合肥等113个城市,覆盖面较广,数据较多样。预调查问卷作答参与人员的其他统计信息见表4-5。

技能人才描述性统计基本信息 表4-5

变量	类别	数量	比例
性别	男	219	57.6%
	女	161	42.4%
年龄	25岁及以下	57	15%
	26~35岁	266	70%
	36~45岁	49	12.9%
	46岁及以上	8	2.1%
学历	初中及以下	2	0.5%
	高中或中专	23	6.1%
	大专	70	18.4%
	本科	246	64.7%
	研究生及以上	39	10.3%
工作年限	1年以下	25	6.6%
	1~3年	93	24.5%
	3~10年	219	57.6%
	10年以上	43	11.3%
职位类别	初级工(五级)	62	16.3%
	中级工(四级)	155	40.8%
	高级工(三级)	86	22.6%
	技师(二级)	60	15.8%
	高级技师(一级)	17	4.5%

2)信度分析

根据大样本数据对问卷进行一致性检验,采用内部一致性(Cronbach's α系数)、组合效度(CR)、均方差析出(AVE)对量表维度进行检验。一般认为Cronbach's α系数>0.7、CR>0.6且AVE>0.5时信度较好。分析结果表明,技能人才职业使命感总量表的内部一致性系数Cronbach's α系数为0.914。"导向力"的Cronbach's α系数为0.773,CR值为0.8815,AVE值为0.7136;"利他贡献"的 Cronbach's α 系数为 0.702，CR 值为 0.7959，AVE 值为 0.5668；"职业坚守"的 Cronbach's α 系数为 0.705，CR 值为 0.7789，AVE 值为 0.5417；"精益求精"的 Cronbach's α 系数为 0.648，CR 值为 0.8486，AVE 值为 0.5846；"意义和价值"的 Cronbach's α 系数为 0.831，CR 值为 0.8968，AVE 值为 0.6852。以上表明，该量表每一个维度的一致性均较好，信度均较高。

3）内容效度

如果检测的项目能够覆盖技能人才职业使命感的主要内容，则说明开发的量表内容效度较好。本书所获得的题项一部分是通过查阅已有文献，参考成熟量表提炼得到的；一部分是通过半结构化访谈，并听取相关领域专家建议得到的，符合内容效度的审核标准。此外，还将得到的题项量表制作了问卷进行了大样本调查，因此，构建的量表内容效度较好。

4）验证性因子分析

利用 AMOS 软件对技能人才职业使命感量表进行验证性因子分析（CFA）。选择 5 个常用拟合指标 χ^2/df（Chi-square Statistic divided by Degrees of Freedom，卡方自由度比，衡量模型整体拟合优度，值越小越好）、RMSEA（Root Mean Square Error of Approximation，近似误差均方根，用以评估模型与完美拟合的差距，值越小越好）、CFI（Comparative Fit Index，比较拟合指数，用以对比假设模型与基准模型的拟合程度，值越接近 1 越好）、TLI（Tucker-Lewis Index，非规范拟合指数，用以衡量模型复杂度调整后的拟合指标）和 NFI（Normed Fit Index，规范拟合指数，对比假设模型与独立模型的卡方差异），综合考察五因子模型的拟合情况。数据结果显示，技能人才职业使命感五因子模型的 χ^2/df 为 3.142，RMSEA 值为 0.075（小于 0.08），CFI 值为 0.912（大于 0.9），TLI 值为 0.877，NFI 值为 0.879，拟合效果较好。

根据因子间的相关程度，又生成 4 个竞争模型，并计算其拟合指数，以此来比较和判断五因子模型是否为最优模型。将导向力、利他贡献、职业坚守、精益求精、意义和价值 5 个维度合并为一个因子，构成单因子模型（称为模型 M1）；将导向力、精益求精合并为一个因子，将利他贡献、职业坚守、意义和价值合并为一个因子，组合成两因子模型（称为模型 M2）；将导向力、利他贡献合并为一个因子,将职业坚守、精益求精合并为一个因子,与意义和价值组合成三因子模型(称为模型M3);将导向力、意义和价值合并为一个因子,与利他贡献、职业坚守、精益求精三个维度组合成四因子模型(称为模型M4);五因子模型(称为模型M5)分为导向力、利他贡献、职业坚守、精益求精、意义和价值5个维度。各模型的拟合情况见表4-6。

技能人才职业使命感模型拟合情况 表4-6

模型	χ^2	df	χ^2/df	RMSEA	CFI	TLI	NFI
M1	509.975	119	4.286	0.093	0.853	0.812	0.819
M2	499.083	118	4.230	0.092	0.857	0.815	0.823
M3	417.509	116	3.599	0.083	0.887	0.851	0.852
M4	394.412	113	3.490	0.081	0.894	0.857	0.860
M5	342.470	109	3.142	0.075	0.912	0.877	0.879

由表4-6可以看出,五因子模型拟合指标最好,表明技能人才职业使命感五因子结构为最优模型,代表性最好。因此,认为将技能人才职业使命感划分为导向力、利他贡献、职业坚守、精益求精、意义和价值5个维度是较为理想的模型,17个题项的因子载荷均大于建议取舍题项的最佳临界值0.35,模型与数据的拟合性较好,各变量之间的路径关系显著。

4.3 研究结果与讨论

本章基于心理所有权和资源保存理论的分析,参考成熟的使命感量表,根据技能人才的职业特点,通过半结构化访谈,总结出导向力、利他贡献、职业坚守、精益求精、意义和价值5个维度,构建了新时代技能人才职业使命感概念模型。

技能人才职业使命感量表最终包含五个维度,从实证角度验证了理论推演结果。维度一为"导向力",指的是技能人才感受到一种指引自己从事职业及发展自己职业生涯的外在力量,比如"某件事就是应该做"的感觉。

维度二为"利他贡献",指的是技能人才希望通过自己所从事的职业来帮助他人以及想要作出对社会具有一定贡献的行为倾向。维度三为"职业坚守",指的是强调技能人才在职业使命中的坚持和不放弃。维度四为"精益求精",指的是技能人才在工作过程中,不断以更高标准严格要求自己,使自己能够更出色地完成职业任务。在引入"精益求精"维度时,笔者查找了现有关于技能人才的相关文献和测量量表。通过对相关文献的回顾和整理,结合工匠精神的内涵,分析其与职业使命感的联系,归纳新时代对于技能人才的要求,总结出"精益求精"维度下的题项。维度五为"意义和价值",指的是技能人才个体能否将自己所从事的职业与自己个人存在的意义和价值联结起来。

通过对搜集的量表数据进行信效度检验,本书验证了新构建的新时代技能人才职业使命感量表是一个信效度良好的量表,同时量表简短,条目表述清晰,适用性较强。

4.4　本章小结

本章主要构建了技能人才职业使命感价值量表。虽然在已有研究中开发了一定数量的职业使命感的测量量表,但是现有量表的测量对象并不是针对技能人才的。本章通过对技能人才特征的文献回顾,以及根据实际调研访谈,查找有关描述技能人才的测量量表,增添了"精益求精"这一维度,以更精准地测量技能人才的职业使命感。本章通过文献回顾,形成技能人才量表的初始问卷,接着通过预调研,借助SPSS对预调研的数据进行探索性因子分析,根据结果将五个维度题项进行调整和删减,不断完善,形成初始测量量表。本章还进行了大样本调查,通过对大样本数据的信效度分析的结果可知:本书开发的技能人才职业使命感量表信效度良好,最终得到了包括5个维度、17个题项的技能人才职业使命感测量量表,为后续研究奠定了基础。

順应 **新质**
生产力
发 展 要 求 的
技能人才创造力培养路径研究

5

不同技能人才的
职业使命感程度分析

5.1　技能人才职业使命感对个体创造力的影响研究

对技能人才而言,职业使命感能够带来更高的职业归属感、自我意义和价值感知,能够充分激发个体的创造力。在中国集体主义文化背景下,个人与组织的契合程度决定了职业使命感发挥作用的强弱,以及由此带来的对个体创造力的影响。根据心理所有权理论,具有较高职业使命感的个体一般会倾向于将自己视为工作的主人,因而会积极关注工作目标的实现和工作现状的持续性改进。对技能人才而言,职业使命感能够带来更高的职业归属感、自我意义和价值感知,能够充分激发个体的创造力。例如,Hall的研究发现,以工作为导向的个体(Work orientation)认为工作就是在工作情景中绩效的指示器,而以使命感为取向的个体(Calling orientation)会将工作看成个人价值自我实现的形式,充满意义感和目标性,同时会将工作视为生命中最重要的部分之一。这种对工作和绩效认知上的差异,会对个体创造力产生显著的影响。同时,职业使命感能够赋予工作极强的价值感和意义感,并且能够相应地促进员工个体对工作价值意义的认识。随着时间的推移,人们更可能将自己从事的工作与自我认知等同。Bellah等研究发现,职业使命感能够赋予工作极强的价值感和意义感,当个体在工作中的自我价值得以实现时,更有利于满足个体的自主性认知需求。职业使命感较强的技能人才,不会将简单的重复性的工作视为枯燥乏味的体力劳动,而是更多地将这些工作视为自己所从事的事业,从而在工作中注入更多的情感,因而更有助于创造力的产生。

研究表明,个体和情境因素(包括工作自主性、社会支持和工作资源等)是产生自我积极认知的心理条件因素,而职业使命感恰好能够充分满足这种心理因素。若员工将自己的工作视为"使命",他们会将工作视为自己价值观的延伸,并相应地促进个体对所从事工作的价值意义认同,从而形成自己所从事工作的心理所有权。换句话讲,具有较高程度职业使命感的员工会在工作中具有更强的自我意识，从而感知到更多的自主意识和对所从事工作的所有权。反之，职业使命感的缺乏容易导致工作意义在某种程度上被"漠视"。在创造力的形成阶段，职业使命感带来的自我意识，能够增强员工在工作场所的对于创新的投入程度和思维的活跃性，充分激活组织内生资源，促进非冗余信息的获取和传递，形成有利于创新的组织内部生态环境。同时，职业使命感能够激发个体的积极情感，改变个体的思维方式，触发新的思考，促进创新思路不断完善，有利于创意之间的整合和实现。由此可见，职业使命感作为一种重要的内部动机必然会影响员工的各种心理因素，从而可能会影响个体创造力的产生。

此外，职业使命感能够提升技能人才实现基本心理需求满足的能力。而没有实现职业使命感的工作，则会使基本心理需求受挫。例如，Gazica研究发现，没有职业使命感的人们，他们的健康和心理幸福感来源也许会寄托于其他需求的满足，而不是来源于工作。这种负面情绪不仅会消耗个体的心理资源，还在很大程度上制约了个体创造力的产生。根据资源保存理论，员工为了保护自己的这种资源不丧失，或者为了获取更多的资源，会更积极地去尝试创造性的活动，使自己进入一个增值螺旋，努力争取和积累更多的资源。拥有较强的职业使命感，能够赋予工作更高的价值感和意义感，从而产生积极的意义感和愉悦感。职业使命感是人们一种积极的心理资源，职业使命感程度高的员工工作是为了追求工作意义和人生价值，其在工作上更加主动积极、认真的态度将激发努力的行为，进而提高自身的创造力水平。此外，职业使命感本身就属于一种内部动机，是一种珍贵的心理资源。当员工拥有比较丰富的心理资源时，就会保持一种积极乐观的情绪状态，在心理上具有更高的创新自我效能，从而更容易产生创造性的想法或尝试创造性的活动。

基于此，本书提出以下研究假设：

假设1：技能人才职业使命感越高，其创造力越强。

但是，对于技能人才职业使命感对创造力产生影响的作用机理是什么，仍有必要做进一步的探讨。

5.2 技能人才职业使命感影响个体创造力的作用机理分析

5.2.1 心理所有权的中介作用

根据心理所有权理论,个体和情境因素(包括工作自主性、社会支持和工作资源等)是产生自我积极认知的心理条件因素,而职业使命感恰好能够充分满足这种心理因素。新时代技能人才是发展生产力的骨干力量,是国家工业制造业发展的助推器。具有职业使命感的技能人才能够具有更强的工作自主性,具有对工作的占有感和自豪感,个体对其所有权的目标物会产生积极情感,并且激发责任意识,产生积极的自我认知。职业使命感能够赋予工作极强的价值感和意义感,并且能够相应地促进员工个体对工作的价值意义的认识,使自己对工作产生更强的心理所有权。换句话说,就是我是我工作的"主人翁"。

首先,心理所有权带来的对目标的心理依赖感和自我控制感,能够让技能人才将工作视为自我的延伸。因此,在这一心理效应的作用下,技能人才会更加努力地去更好地完成工作,进而产生强烈的内在动力。研究表明,心理所有权主要形成于3种内在动机:一是自我效能感。能够提升技能人才对工作的胜任能力。二是自我认同。心理所有权本质上就是一种"拥有",通过"拥有",个体的自我定义、自我认同感被确立、保持、复刻和迁移,以所拥有的有形或者无形的物体来进行自我定义。三是拥有空间。技能人才在工作中需要足够的发挥空间和自我表现的机会,职业使命感带来的心理所有权能够为技能人才建立工作中无形的空间资源,以便于更好地完成工作。在这里指的就是技能人才将从事的本职工作视为使命,将自己的本职工作当成自己价值的延伸,并致力于精益求精,不断改进生产工艺、优化工作流程等。

其次,Pierce 等提出,心理所有权能够通过3种途径来实现,即一是控制所有权的目标物（Controlling the Ownership Target）；二是密切跟踪了解目标物（Coming to Intimately Know the Target）；三是全身心投入进目标物（Investing the Self Into the Target）。学者研究也发现了职业使命感实现的三个路径，一是"以身份为导向"（Identity-oriented）的路径，以描述个体如何应对挑战，并将他们的使命表现为对自己与神灵之间的特殊天赋的持续保留。二是"以贡献为导向"（Contribution-oriented）的路径。它与那些对挑战作出反应的个人联系在一起，这些人可以利用自己的技能对世界产生积极影响，把自己的使命变成一种可以为世界作出贡献的行动。三是"以实践为导向"（Practice-oriented）的路径。通过这个路径，他们会主动学习与这份蕴含使命感的工作相关的各类知识，期望自己能够不断满足工作要求，从而促使自己成为熟练的从业人员。这3种途径在一开始可能都是相近似的，但是随着时间推移，会发生变化，只有第三种路径才能真正使人感受到积极的心理体验。这与心理所有权实现的途径密切相关联。当个体感觉到目标物或目标物的一部分为自己所拥有时，便会感觉到很强的心理所有权，即心理所有权的核心要素为占有感，它让员工感知到目标物是自我的延伸，这种感觉进而又会影响个体的态度、动机和行为。个体对其所有权的目标物会产生积极情感，并且激发责任意识，这对于员工创造力的形成具有重要意义。

最后，职业使命感高的员工会在工作中具有更强的自我意识，从而感知到更多的自主意识和对所从事工作的所有权。有使命感的人们内心强大，能够克服他们履行职责时遇到的障碍。这种对于工作的积极情感有助于员工在遇到困难时积极探索解决方案，能够帮助员工自主学习和主动寻求技能进步，这对于员工创造力的形成具有重要意义。而具有工作所有权的员工，会倾向于将自己视为工作的主人，因而会积极关注工作目标的实现和工作现状的持续性改进。拥有较强心理所有权感的员工会主动学习各类与这份工作相关的工作知识，期望自己能不断满足工作要求，从而促使自己成为熟练的从业人员。一线技能人才在创造力的形成阶段，心理所有权能够增强技能人才在工作场所中对于创新的投入程度和思维的活跃性，充分激活组织内生资源，促进非冗余信息的获取和传递，形成有利于创新的组织内部生态环境。较强心理所有权感能够促进个体的积极情感,改变个体的思维方式,触发新的思考,促进创新思路不断完善,有利于创意之间的整合和实现。

基于以上3点分析,本书提出以下假设:

假设2:技能人才职业使命感越高,其心理所有权感越强。

假设3:技能人才心理所有权在职业使命感和创造力之间起到了中介作用。

5.2.2 人-组织匹配的调节作用

人-组织匹配形成于个体与组织环境的相互契合。国内外学者已经证实了人-组织匹配对员工的影响。如 Cable 和 Derue 研究发现,价值观匹配、需求匹配与主观职业成功存在显著的正向关系。根据资源保存理论,技能人才组织中所从事的工作与自身的能力越匹配,越有利于个体资源和关系资源的维持。其中,个体资源主要体现了技能人才对所从事工作的积极评价,而关系资源则主要指技能人才所从事工作与个体目标实现过程中表现出的一致性。个体资源和关系资源能够帮助技能人才减轻心理压力,增加对工作的满意度,帮助他们更加全身心地投入工作中。拥有丰富资源的个体不仅更容易获取更多新资源,推动原有资源增值,从而进入增值螺旋,而且还能提升个体的内在动力,从而表现出更加积极的组织行为。

在个体创造力的形成过程中,具有强大的心理资源更有利于技能人才在工作时保持积极的心态和工作行为,进一步为提高创造力提供可能。已有研究发现,当组织与个体高度匹配时,个体常表现为开放、积极、自信、热情、认知弹性、成就导向等积极的心理认知;反之,当个体与组织不匹配时,个体则会表现出沮丧、自卑、冷漠、自暴自弃甚至认知失调,这些方面能够对技能人才创造力产生显著的影响。

此外,对于技能人才与组织匹配较低的成员,正向的、积极的职业使命感会带给他们更多的从众压力,不利于他们表现出较好的绩效。而且,在一个与自己价值观不符的组织中,人们的使命感很难得到满足,而这无疑会给员工带来心理上的打击。如 Gazica 在 2014 年时研究发现,未应答的职业使命感与较低的生理心理健康水平、工作满意度、生活满意度、工作投入和职业承诺,较高水平的离职倾向有关。组织目标和个人目标的背道而驰,不仅不利于组织目标的实现,而且也会导致技能人才形成形式主义和消极情绪,不利于他们创造力的形成。

基于以上分析,本书提出以下假设:

假设 4:人-组织匹配在职业使命感对创造力的影响过程中起到了正向调节作用,即人-组织匹配度越高,职业使命感对创造力的影响越强;反之,人-组织匹配度越低,职业使命感对创造力的影响就越弱。

进一步而言,根据心理所有权理论,个体和情境因素(包括工作自主性、社会支持和工作资源等)是产生自我积极认知的心理条件因素,而职业使命感恰好能够充分满足这种心理因素。个体对其所有权的目标物会产生积极情感,并且激发责任意识,从而有利于职业使命感通过心理所有权激发技能人才创造力的过程。

根据资源保存理论,一方面,更高程度的人-组织匹配,能够为心理所有权的产生提供更好的心理环境和情感资源,成为激发创造力的积极影响因素;另一方面,技能人才自身目标与组织目标的一致性,能够让技能人才将自身的价值认知与组织的价值需求有机统一,避免个人目标与组织目标的背离,更有利于创造力心理资源的形成。由此,可以进一步推论,人-组织匹配度越高,技能人才职业使命感通过心理所有权对创造力产生的影响越强;反之,人-组织匹配度越低,技能人才职业使命感通过心理所有权对创造力产生的影响就越弱。

基于上述观点,本书提出以下假设:

假设 5:在"职业使命感-心理所有权-创造力"的模型中,人-组织匹配起正向调节作用,即个体与组织的匹配程度越高,心理所有权的中介作用越强,反之越弱。

综上所述,本书以心理所有权理论、资源保存理论为依据,结合已有的研究成果和管理实践经验,通过理论推演,提出新时代技能人才职业使命感及其对技能人才创造力影响的理论模型,如图5-1所示。

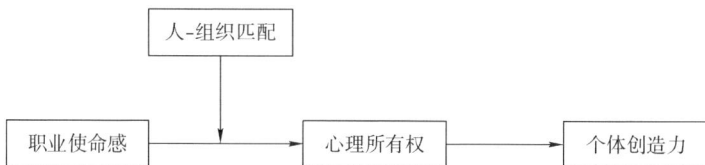

图5-1 职业使命感对创造力作用模型图

5.3 研究方法

5.3.1 研究样本

本书的研究对象为企业的技能人才,研究中设置了筛选项目,通过自我评价"是否有职业使命感",保留自评"有职业使命感"的技能人才,去除自评"无职业使命感"的技能人才。问卷经由专业数据收集平台发放。问卷主要面向企业技能人才,在问卷设置时,将"不是技能人才"和"没有职业使命感"的问卷自动拒绝,最后共收集到400份问卷结果,剔除量表填写过程中不完整的和填写时间过短的20份不合格量表,最终获得有效量表380份,填写有效率达到95%。量表通过专业平台的发放,能够得到全国多个省(自治区、直辖市)和城市的数据结果,本次预调查,问卷结果覆盖山东、福建、甘肃等26个省(自治区、直辖市),共安庆、沈阳、佛山、合肥等113个城市,覆盖面较广,数据较为多样。本书的目的是探究技能人才这个职业群体的职业使命感,以及探究这个群体的职称级别是否在使命感的程度上存在差异,因此在最初选择被调查群体时,并没有特别限定高级工或者高级技师。

在问卷的基本信息部分,设置了各类人口统计学变量选项,具体情况为:

(1)性别:女性占42.4%,男性占57.6%。

(2)年龄:分别设置了"25岁及以下""26~35岁""36~45岁""46岁及以上"4个阶段,占比分别为15%、70%、12.9%、2.1%,绝大部分被调查者处于

26~35岁的工作黄金期。

(3)学历:本书包括5个学历层次,即初中及以下、高中或中专、大专、本科、研究生及以上,占比分别为0.5%、6.1%、18.4%、64.7%和10.3%,大学本科学历的员工占一半以上。由此可见,技能人才也是具备高素质、高学历的群体。

(4)工作年限:设定了4个年限,"1年以下""1~3年""3~10年""10年以上",其中工作"1~3年"和"3~10年"的员工占了绝大多数,分别为24.5%和57.6%。

(5)职位类别:分设了初级工(五级)、中级工(四级)、高级工(三级)、技师(二级)和高级技师(一级),占比分别为16.3%、40.8%、22.6%、15.8%、4.5%,由此可见,本次取样的大部分技能人才为中级工。

5.3.2　研究工具

本章的测量工具包括本书开发的5个维度17题项的技能人才职业使命感量表。其中,导向力包含"在这份职业中,我强烈感觉到这就是我自己注定要去追求的职业""我感受到有一种无形的力量召唤着我从事目前的职业""我感觉自己注定从事现在这份职业"3个题项;利他贡献包含"我从事的是有益于他人的职业""我的工作可以满足社会需要""我的职业虽然看似简单,但对社会有所贡献"3个题项;职业坚守包含"在这份职业中,我感到自己非常投入""在工作中遇到困难,我愿意付出努力""我不会轻易地放弃自己的职业理想"3个题项;精益求精包含"对于工作细节,我始终力求完美""在工作过程中,我会不断思考如何更好地完成它""在这份职业中,我努力避免出现缺陷或者不足""在这份职业中,我为自己设定高于组织所要求的工作标准"4个题项;意义和价值维度包含"我的人生价值很大程度上取决于自己从事的职业""在这份职业中,我并没有感受到枯燥乏味的体力劳动""在这份职业中,我寻找到了自己存在的意义""我的职业是体现我人生价值的一种方式"4个题项。各维度的含义解释见表5-1。此量表已经过预调研和大样本检验,具有良好的信度和效度。

统计软件使用的是SPSS 24和EXCEL 2013,SPSS用来进行方差分析,主要用于检验各控制变量在维度上是否有所差异,EXCEL用来进行描述性统计分析,主要对职业使命感的总体情况展开较为详细的分析。

各维度含义   表5-1

序号	维度	具体含义
1	导向力	有无形的力量导向我从事现在的职业
2	利他贡献	我的职业对于社会、他人是有贡献的
3	职业坚守	工作中遇到困难我也会坚守现在的职业
4	精益求精	我会通过各种方法使自己更好地工作
5	意义和价值	我的职业给我的人生带来了意义和价值

5.4 研究结果及数据分析

5.4.1 描述性统计分析

首先,本节将就样本的总体情况进行较为详细的情况说明及分析,并同时报告各维度和各题项的均值和标准差,然后再分别对各类人口统计学变量在职业使命感各维度的排序情况做简要分析。

需做3点说明:①学历因属于"初中及以下"的人数较少,同"高中或中专"合并计为"高中或中专及以下"。②年龄因属于"45岁以上"的人数较少,同"36~45岁"合并计为"36岁以上"。③由于本书开发并运用的技能人才职业使命感是7点李克特量表(7-point Likert scale),各维度之间均值差异并不明显,因此采用将均值除以该维度总分的"均值占总分比",并用百分数表示。

1)总体情况

技能人才职业使命感共包含导向力、利他贡献、职业坚守、精益求精、意义和价值5个维度,个体对其选项得分高表示其职业使命感体现在此维度上的程度高。根据本次调研的总体样本数据,职业使命感各维度的排序从高到低分别为职业坚守、利他贡献、精益求精、意义和价值、导向力;题项得分越高,则越能代表技能人才职业使命感的强弱程度(表5-2)。

职业使命感的各维度总体排序　　　　表5-2

指标	维度				
	导向力	利他贡献	职业坚守	精益求精	意义和价值
均值	5.61	6.01	6.06	5.87	5.83
均值占总分比	80.13%	85.89%	86.62%	83.82%	83.28%
标准差	1.08	0.91	0.86	0.91	1.03

　　从分析结果（表5-3）可以看到，大多数题项的均值占总分比在80%以上，只有2个题项在80%以下，且也比较接近80%。这表明我们的题项对技能人才的职业使命感具有较好的解释力和代表性。

职业使命感的各题项总体排序　　　　表5-3

题项	均值	均值占百分比	标准差
6	6.09	87.07%	0.83
7	6.08	86.92%	0.89
5	6.06	86.50%	0.83
9	6.06	86.50%	0.91
8	6.05	86.43%	0.79
11	5.97	85.23%	0.84
17	5.97	85.23%	0.88
10	5.89	84.21%	0.96
4	5.89	84.10%	1.04
13	5.88	83.95%	0.88
15	5.83	83.23%	1.01
16	5.81	83.01%	1.09
1	5.73	81.92%	1.01
12	5.73	81.88%	0.95
14	5.72	81.65%	1.10
3	5.55	79.32%	1.08
2	5.54	79.14%	1.14

　　根据均值占总分比的大小，量表各题项大致可以分为3个等级：大于86%的共有5个题项，可以说这部分内容是技能人才最重视的维度；小于

86%但大于82%的共有7个题项,这部分可记为技能人才比较重视的维度;小于82%的也有5个题项,这部分可记为技能人才重视程度最低的维度。

结合各题项对应的维度可以发现,第一个等级的题项全部来自利他贡献、职业坚守两个维度。说明在我国新时代背景下,技能人才希望通过自己所从事的职业来为社会作出贡献,服务他人,报效国家,具有职业使命感的技能人才在职业上表现出较高的坚持和不放弃。第二个等级的题项除了来自利他贡献的一个题项,其他均来自精益求精、意义和价值两个维度,表明新时代的技能人才个体能够严格高标准要求自己,努力出色地完成自己的职业任务且在职业中体会到了自己的意义和价值。而第三个等级的题项除了两个来自精益求精、意义和价值的题项外,包含了来自导向力的全部题项,且第二个和第三个题项的均值占总分比低于80%,表明在中国情境下,个体感受到的导向力相对较弱,这可能和中国人不是信奉上帝,而是脚踏实地,希望通过自己的双手创造价值的传统观念有关。

2)按性别分析

不同性别的技能人才,在职业使命感各个维度的得分情况见表5-4、表5-5。可以看出,男性和女性在各个维度的得分排序是相同的,说明性别对于职业使命感各维度表现无影响;无论男性、女性,都在第三维度,即职业坚守上得分较高,表明技能人才的职业使命感主要表现在其对于职业的坚守;男性、女性对于第一维度导向力的得分均最低,说明职业使命感在导向力的作用上表现不明显,但是也可能因为此维度描述较为晦涩,填写者不能很好把握题意,故得分较低。

男性技能人才各维度得分排序　　　　表5-4

指标	维度				
	职业坚守	利他贡献	精益求精	意义和价值	导向力
均值占百分比	86.84%	86.52%	84.18%	83.56%	80.91%
标准差	0.85	0.92	0.92	1.05	1.07

女性技能人才各维度得分排序　　　表 5-5

指标	维度				
	职业坚守	利他贡献	精益求精	意义和价值	导向力
均值占百分比	86.96%	83.76%	83.32%	82.90%	80.92%
标准差	0.87	0.89	0.91	0.99	1.10

总体来看,性别对于职业使命感各维度的选择没有影响。

3)按年龄分析

如表5-6~表5-8所示,总体来看,处于26~35岁的技能人才得分均较高,体现其具有较高的职业使命感。分析认为,处于这个年龄段的技能人才在所在企业已经工作多年,并且已经不是新入职的年轻人,在企业中所处的位置较为重要,普遍职业责任感更强,因此其对于职业使命感感知度更高。

25岁以下技能人才各维度得分排序　　　表 5-6

指标	维度				
	利他贡献	职业坚守	精益求精	意义和价值	导向力
均值占百分比	83.04%	81.54%	80.14%	78.20%	74.60%
标准差	1.00	1.08	1.05	1.32	1.30

26~35岁技能人才各维度得分排序　　　表 5-7

指标	维度				
	职业坚守	利他贡献	精益求精	意义和价值	导向力
均值占百分比	87.65%	86.63%	84.48%	84.17%	81%
标准差	0.81	0.88	0.88	0.97	1.04

36岁以上技能人才各维度得分排序　　　表 5-8

指标	维度				
	职业坚守	精益求精	利他贡献	意义和价值	导向力
均值占百分比	86.88%	85.96%	85.30%	82.71%	80.95%
标准差	0.79	0.86	0.92	0.87	0.95

25岁及以下的技能人才在利他贡献这个维度的得分最高,分析认为,处于这个年龄段的员工认为职业使命感体现在对他人的贡献上。36岁及以上

的技能人才在职业坚守维度得分最高,分析认为,在此年纪,其在公司的地位较为稳定,进入公司时间也较久,所以其职业使命感主要体现在遇到困难和挫折能否坚守职业,完成使命。三个年龄阶段均在导向力维度得分最低,分析认为:一是其自身对于导向力的感知较不清晰,二是因为量表中导向力题项较为复杂模糊,填写者不能准确把握其内涵,因此在此维度的得分较低。

4)按学历分析

如表5-9~表5-12所示,高中或中专及以下学历的人得分最高的维度是第四维度,即精益求精。其他学历的人得分最高的维度都是职业坚守。分析认为,高中或中专及以下学历的人在企业中担任的职位大多是普通技术岗,这部分技能人才会认为职业使命感主要体现在对于技术和技能的精进,能够生产出完美精湛的产品,因此这个维度上的得分高。而导向力维度就没有受到学历的影响,所有学历的技能人才在导向力维度得分都很低。本科和大专学历的技能人才在5个维度的得分排序是一致的。研究生及以上学历的填写者在意义和价值的维度得分比精益求精的得分高,他们认为职业使命感更多体现在工作给自己带来的意义和价值上。学历越高的人就越具有更高水平的自我意识,以上结论也符合马斯洛需求层次理论。

高中或中专及以下学历技能人才各维度得分排序　　表5-9

指标	维度				
	精益求精	利他贡献	职业坚守	意义和价值	导向力
均值占百分比	82.14%	81.52%	81.33%	79.57%	76.95%
标准差	0.90	1.00	1.03	1.25	1.01

大专学历技能人才各维度得分排序　　表5-10

指标	维度				
	职业坚守	利他贡献	精益求精	意义和价值	导向力
均值占百分比	87.89%	85.71%	84.74%	84.13%	78.57%
标准差	0.81	0.99	0.93	0.98	1.20

本科学历技能人才各维度得分排序　　表 5-11

指标	维度				
	职业坚守	利他贡献	精益求精	意义和价值	导向力
均值占百分比	86.74%	86.26%	83.74%	83.29%	80.64%
标准差	0.85	0.89	0.92	1.02	1.03

研究生及以上学历技能人才各维度得分排序　　表 5-12

指标	维度				
	职业坚守	利他贡献	意义和价值	精益求精	导向力
均值占百分比	86.94%	86.69%	84.07%	83.70%	81.68%
标准差	0.89	0.80	0.97	0.87	1.19

5）按工作年限分析

整体来看，随着工作年限的增加，技能人才的职业使命感也呈现出不断增强的趋势。分析认为，随着技能人才对工作越来越了解，其对职业的认同感越来越高。不同工作年限的群体在各个维度的排序上存在一定差异，如工作年限在 3 年以下的技能人才在利他贡献维度上的得分较高，分析认为，初入职场的新员工具有较强的理想信念，在我国新时代背景下，技能人才更希望通过自己所从事的职业来为社会作出贡献，服务他人，报效国家，在职业上体现出较高的坚持和不放弃。随着年龄增长，技能人才可能会面临更多的现实压力，如绩效的压力、收入的压力、社会认可度的压力等，只有当员工感觉这份职业能给自己带来意义和价值的时候，才表现出职业使命感。因此，工作年限在 3~10 年的技能人才在利他贡献维度得分下降，而在意义和价值维度的得分上升。但对工作年限在 10 年以上的资深技能人才而言，职业坚守成为最能体现其职业使命感的维度，这也不难理解，也只有当技能人才有较高的职业坚守时，才会在一份职业上持续不变工作这么长时间，与此同时，精益求精维度的排序显著下降，分析认为，这是由于资历较高的员工职位已经基本固定，通过精益求精的态度提高自己的绩效的动力降低，有可能出现职业倦怠等消极心理体验。按工作年限详细的排序情况见表 5-13~表 5-16。

指标	维度				
	利他贡献	精益求精	职业坚守	意义和价值	导向力
均值	5.87	5.50	5.47	5.17	5.13
均值占总分比	83.81%	78.57%	78.10%	73.86%	73.33%
标准差	1.15	1.19	1.23	1.47	1.32

1~3年工作年限技能人才各维度得分排序　　表5-14

指标	维度				
	利他贡献	职业坚守	精益求精	意义和价值	导向力
均值	5.94	5.93	5.80	5.76	5.56
均值占总分比	84.90%	84.69%	82.83%	82.33%	79.37%
标准差	0.83	0.87	0.89	0.98	1.13

3~10年工作年限技能人才各维度得分排序　　表5-15

指标	维度				
	意义和价值	精益求精	导向力	职业坚守	利他贡献
均值	6.07	5.95	5.78	5.61	5.59
均值占总分比	86.76%	84.93%	82.52%	80.10%	79.91%
标准差	0.80	1.03	1.01	0.97	1.11

10年及以上工作年限技能人才各维度得分排序　　表5-16

指标	维度				
	职业坚守	利他贡献	意义和价值	精益求精	导向力
均值	6.22	6.10	6.06	6.05	5.74
均值占总分比	88.93%	87.15%	86.54%	86.38%	82.06%
标准差	0.75	0.94	0.90	0.91	0.96

6）按职位类别分析

随着技能人才职位级别的不断提高，其在各维度上的评价存在一定差异，而相邻级别的群体表现出较大的相似性。对初级工、中级工、高级工而言，他们在"精益求精"和"导向力"两个维度的评分最高，其次是"职业坚守"和"利他贡献"两个维度，"意义和价值"维度得分最低。对高级技师而言，在

5

不同技能人才的职业使命感程度分析

"职业坚守"上的评分最高,"精益求精"和"导向力"评分一致。这也是高级技师能够在一个职业岗位上持之以恒工作10年以上的具体体现。初级工"精益求精"在五个维度中排序第一,这可能是由于初级工还处于他们职业生涯的初级阶段,未来还有很大的提升空间,他们通过严格要求自己,在工作中一丝不苟、精益求精,从而不断成长,以期获得较好的发展。而高级技师则在"职业坚守"维度的得分最高,这与工作年限的结论一致。通过数据可以发现,高级技师的工作年限较长,全部集中在3~10年和10年以上这两个区间。对高级技师来说,一方面,由于有较高的职业坚守,才会稳定在一份职业上;另一方面,由于在目前的职业上已经有一定的成就和地位,因此会对这份职业具有更高的职业使命感。按职位类别分析排序详情见表5-17~表5-21。

初级工各维度得分排序 表5-17

指标	维度				
	精益求精	导向力	职业坚守	利他贡献	意义和价值
均值	5.99	5.84	5.73	5.56	5.32
均值占总分比	85.64%	83.49%	81.85%	79.49%	76.04%
标准差	0.97	1.05	1.02	1.25	1.28

中级工各维度得分排序 表5-18

指标	维度				
	导向力	精益求精	职业坚守	利他贡献	意义和价值
均值	6.05	5.99	5.84	5.84	5.67
均值占总分比	86.42%	85.59%	83.36%	83.36%	80.95%
标准差	0.86	0.85	0.89	0.96	1.00

高级工各维度得分排序 表5-19

指标	维度				
	导向力	精益求精	职业坚守	利他贡献	意义和价值
均值	6.14	6.01	5.88	5.84	5.56
均值占总分比	87.76%	85.83%	84.05%	83.39%	79.46%
标准差	0.77	0.96	0.90	1.01	1.10

顺应新质生产力发展要求的技能人才创造力培养路径研究

人 才 是 第 一 资 源

指标	维度				
	导向力	精益求精	利他贡献	职业坚守	意义和价值
均值	6.24	6.11	6.09	6.04	5.82
均值占总分比	89.21%	87.30%	86.96%	86.31%	83.17%
标准差	0.72	0.95	0.93	0.87	1.00

高级技师各维度得分排序　　　　　　　表 5-21

指标	维度				
	职业坚守	精益求精	导向力	利他贡献	意义和价值
均值	5.96	5.94	5.94	5.79	5.61
均值占总分比	85.08%	84.87%	84.87%	82.77%	80.11%
标准差	0.80	0.73	0.81	0.89	0.94

5.4.2　方差分析

上一小节内容只是根据排序的情况分析了大致的比较差异,而方差分析能够更准确地判断不同人口统计变量的子群体在职业使命感某方面是否存在显著差异。本小节将分别就职业使命感的 5 个维度进行方差分析,具体数值见表 5-22。

职业使命感各维度的方差分析　　　　　　　表 5-22

维度	人口统计学变量	P值
导向力	性别	0.162
	年龄	0.002
	学历	0.311
	工作年限	0.027
	职位类别	0.029
利他贡献	性别	0.161
	年龄	0.043
	学历	0.160
	工作年限	0.402
	职位类别	0.829
职业坚守	性别	0.595

维度	人口统计学变量	P值
职业坚守	年龄	0.000
	学历	0.034
	工作年限	0.000
	职位类别	0.014
精益求精	性别	0.359
	年龄	0.004
	学历	0.658
	工作年限	0.003
	职位类别	0.082
意义和价值	性别	0.591
	年龄	0.002
	学历	0.398
	工作年限	0.000
	职位类别	0.016

不同性别的技能人才在职业使命感的5个维度都没有显著差异,其在导向力、利他贡献、职业坚守、精益求精、意义和价值维度的P值都大于0.05,因此不同性别的技能人才职业使命感表现没有较明显差别。

不同年龄的技能人才在职业使命感的5个维度都具有显著差异,其在导向力、利他贡献、职业坚守、精益求精、意义和价值维度的P值都小于0.05,所以不同年龄段的技能人才职业使命感表现程度不同,其在精益求精维度表现差异极为明显,可能是因为不同年龄段的员工对精益求精的理解不同,因此表现力也不同。

不同学历的技能人才在职业使命感的职业坚守维度具有显著差异,而在其他维度没有差异。不同学历的技能人才在公司的地位、职位、晋升机会都是不同的,所以在工作中遇到困难和挑战时,对于是否坚守岗位的选择不同,故职业坚守的维度在不同学历的群体间具有显著差异。

不同工作年限的技能人才在导向力、职业坚守、精益求精、意义和价值4个维度上均表现出显著差异,只在利他贡献维度没有显著差异。利他贡献表示个体希望通过自己的职业来帮助他人及社会,从而作出一定贡献的倾向性,而这一定程度上取决于员工的世界观、人生观、价值观。实际上,技能人才在入职前三观已经基本成型,而且具有较高的稳定性,不会随着入职年限的增加而产生较大变化,因此不同工作年限的技能人才在利他贡献维度上没有显著差异。

不同职位类别的技能人才在导向力、职业坚守、意义和价值3个维度具有显著差异,在利他贡献和精益求精2个维度没有显著差异。技能人才的职位类别体现在等级差异上,但是工作性质类似,对工作一丝不苟、精益求精、力求完美的工作态度是技能人才的普遍特征,也是新时代技能人才培育的内涵和要求。因此,不同类别的技能人才在精益求精维度没有显著差异。

5.5　本章小结

本章在质性研究的基础上,首先对心理所有权理论和资源保存理论进行了系统阐述,通过文献综述,根据相关理论和已有的研究成果进行理论推演,提出5个研究假设,构建了技能人才职业使命感及其对创造力影响的理论模型:一是技能人才职业使命感对创造力的直接作用;二是技能人才职业使命感通过心理所有权的中介作用对创造力的间接作用;三是人-组织匹配对两条路径的调节效应。

接着,通过统计分析研究了在我国新时代情境下,技能人才职业使命感现状及特征。利用专业数据收集平台发放问卷,并对最终收集到的来自各个省(自治区、直辖市)的具有职业使命感的技能人才的数据进行分析。本章研究了技能人才在人口统计学变量性别、年龄、学历、工作年限、职位类别5个方面的差异。之所以独立成章进行讲解,一是为未来探究个体的人口统计学变量是否会影响其职业使命感奠定基础,二是为下一步选取控制变量提供科学基础。

本章的结果如下:①本书第4章构建的量表对技能人才的职业使命感具

有较好的解释力和代表性;②不同人口统计变量的子群体在职业使命感各维度上表现出一定差异。具体来说,技能人才职业使命感的各维度在不同年龄、学历、工作年限和职位类别的群体间表现出显著差异,即技能人才职业使命感各维度一定程度上会受到年龄、学历、工作年限和职位类别等因素的影响。例如,不同学历的技能人才在职业使命感的职业坚守维度表现出显著差异,分析认为,这是由于不同学历的技能人才在公司中所处的地位和职位、面对的晋升机会等都不同,所以当在工作中遇到困难和挑战时,对于是否坚守岗位会作出不同的选择。但不同性别的技能人才在职业使命感的5个维度都没有显著差异,也就是技能人才的职业使命感并没有因为性别不同而有所差异。本章得出的结论与已有研究结论一致:不同年龄段、社会经济地位、职业性质以及不同工资标准都会影响人是否会将他们的工作视为使命感。

顺应 **新质**
生产力
发展要求的
技能人才创造力培养路径研究

6

技能人才职业使命感
提升创造力的直接效应

6.1　研究目的

技能人才的创造力主要指对生产工艺、操作过程的不断改进和优化,以及提出新的解决实际问题的思路,更加强调创新的实用性和可操作性。根据第4章开发的新时代技能人才职业使命感测量量表,本章将从技能人才职业使命感量表的导向力、利他贡献、职业坚守、精益求精、意义和价值5个维度,探究其职业使命感对创造力的影响路径,并对假设1"技能人才的职业使命感越高,创造力越高"进行扩充。

从技能人才职业使命感"导向力"的维度出发,导向力代表着个人感受到一种指引自己从事某职业以及发展自己职业生涯的力量,在中国情境下具体包括个体所从事的职业对其带来的注定感、召唤感与责任感。根据Hobfoll等对于资源保存理论的阐释,初始资源较多的个体更倾向于作出冒险的资源投资策略和更为激进的资源投资行为。由于职业使命感的导向力对个体的工作态度、职业道路等方面具有激励作用,技能人才极有可能将其视作自身的宝贵资源,渴望进一步获取并保存该资源。因此,具有高职业使命感导向力的技能人才更可能对现有生产工艺、操作过程中的问题产生新思考,从而迸发出更多的创造力。

从技能人才职业使命感"利他贡献"的维度来看,利他贡献反映了个体希望通过自身职业来帮助他人以及为社会作出贡献的倾向,使人能够利用自己动作和行为对世界产生积极影响,把自己的使命转化为一种可以为世界作出贡献的行动。例如,资源保存理论提出了"资源收益螺旋"推论,也就是说,初始资源较多的个体会拥有更多资本与机会,更有能力获取新的资源,从而使资源收益呈现出螺旋式上升。由此可见,具备高水平利他贡献的技能人才会在工作中更积极地向同伴实施帮助行为,并为组织作出贡献,而在此过程中,其自身在发现问题的敏感程度、解决问题的思路办法等方面的能力都会得到相应的锻炼与提升,这些能力会作为其通过利他贡献获得的新资源,进一步促进高利他贡献的技能人才创造力的增长,最终实现其资源收益的螺旋上升。

从技能人才职业使命感"职业坚守"的维度出发,职业坚守是指个体在面临困难和问题时坚韧不拔,在职业使命中矢志不移,是个体坚持工作的精神支柱和思想指南。根据资源保持理论,技能人才在始终如一地坚守岗位时,很大可能会获得组织的认可与支持,以及其他员工对其的尊重与钦佩,即职业坚守增加了技能人才的工作资源。这有利于技能人才将资源进行转换与利用,进而获取资源收益,为其创造力的提升做好准备。换言之,技能人才职业坚守维度的职业使命感较高时,其对艰苦的环境与枯燥的工作忍耐力更强,工作动力更大,从而可获得更多工作资源,为其创造力的提升做好保障。此外,对岗位的坚守也意味着技能人才对自我工作效率与工作强度有着较高标准,在这一过程中,技能人才可能会积极主动地对工作进行归纳总结,这也在某种程度上激发了其创造力。

从技能人才职业使命感"精益求精"的维度出发,精益求精不仅包含了高超的技能和严谨的工作态度,还包括立德立身的道德品质。这个维度代表了技能人才在实际工作中对技术追求完美的态度、尽善尽美的价值理念,以及对高超技术的追求。对技能人才来说,创造力的激发并不是灵感式的顿悟,而是在追求完美的实践过程中不断传承与积累;精益求精是技能人才对自我职业的基本要求和基本底线。首先,精益求精维度的职业使命感较高时,技能人才对自我和产品的要求也较高,更容易积累大量经验,进而通过不断思考对以往的制造方式进行改良,从而促进其创造力的提升。其次,根据资源保存理论,对"精益求精"理念的追求可以促进工作目标的完成,是一种有价值的内在资源。资源收益螺旋的推理表明,其有利于个体获取新资源,这也为员工创造力的激发提供了有利条件。

从技能人才职业使命感"意义和价值"的维度来看,该维度强调将个人的职业角色与人生意义、人生目的、人生价值相结合。个体在物质层面的压力逐渐减轻后,会转而对精神方面有所追求。职业占据个体人生道路的数十载,能够从一定程度上给个体带来归属感,使个体完成部分自我实现,并从中找寻自身的意义与价值,朝着人生最终目的不断迈进。由资源保存理论中资源投资的原理可知,个体要进一步投入资源,从而避免资源继续受到损失或可以很快从损失中恢复过来。因此,认为自身职业具有高意义、高价值的技能人才会在思考如何解决工作问题、增加工作效率的过程中增强其工作创造力,不断发掘并赋予自身职业新价值和新意义。

基于以上推理,本研究将假设1扩充如下:

假设1a:导向力对技能人才创造力具有显著的正向作用;

假设1b:利他贡献对技能人才创造力具有显著的正向作用;

假设1c:职业坚守对技能人才创造力具有显著的正向作用;

假设1d:精益求精对技能人才创造力具有显著的正向作用;

假设1e:意义和价值对技能人才创造力具有显著的正向作用。

6.2 研究设计

6.2.1 程序与样本

在前面的章节中,本书深入探讨了在我国新时代背景下技能人才职业使命感的维度结构及对其创造力的作用关系。在本节中,实证研究设计基于第4章开发的技能型人才职业使命量表和国内外学者普遍使用的通用量表。研究对象主要是来自北京、上海、天津、武汉、济南、宁波、唐山、东莞等多个城市,从事交通运输、电力、建筑等行业的一线技能人才,调查方法主要是借助问卷星(专业的线上问卷发放平台),将电子版问卷发给被调查者,并通过线上渠道搜集问卷数据,在发放问卷前向被调查者承诺问卷相关数据仅限于本研究使用,问卷数据会进行保密处理,不会泄露给第三方。此次调研共发放420份问卷,收回有效问卷406份,剔除无效问卷26份,无效问卷主要涉及答案趋同和前后作答不一致等情况,最终得到有效问卷380份,有效回收率为90.48%。

6.2.2 变量测量

为尽可能保证测量问卷的准确性,在使用本书选取的英文量表前,首先进行"翻译—回译"程序,这部分由2名人力资源管理博士生分别完成;其次结合技能人才的工作特征对量表进行适当调整;最后由作者进行对比和筛选。

(1)自变量:职业使命感。

采用第4章中根据技能人才群体特征及工作特点开发的技能人才职业使命感测量量表测量技能人才职业使命感,该量表包括导向力、利他贡献、职业坚守、精益求精、意义和价值5个维度,共17个题项,适用于技能人才的管理情境,并被证实具有较高的信效度,量表采用李克特7点记分方式,从"1"到"7"分别表示对所描述情形由低到高的符合程度,例如1表示完全不符合,而7则表示完全符合。

(2)因变量:创造力。

采用George和Zhou编制的个体单维度创造力量表,测量技能人才创造力,从量表中选择符合本书研究的6个题项,例如"我总是能在工作中提出新的想法"等,采用李克特7点记分方式。

(3)控制变量。

根据已有研究,本书选取5个个体工作特征相关变量作为控制变量,即性别、年龄、学历、工作年限和技术等级。

6.3 数据分析和结果

6.3.1 信效度检验

1)信度检验

本书采用Cronbach's α系数来反映量表的信度,通常Cronbach's α系数的值在0~1之间。如果Cronbach's α系数的值不超过0.6,一般认为量表内部一致信度不足,此时不适合采用该量表;如果Cronbach's α系数的值达到0.6~0.7,表示量表具有一定的信度;如果Cronbach's α系数的值达到0.7~0.8,表示量表具有较好的信度;如果Cronbach's α系数的值超过0.8,说明量表具有非常好的信度。本书量表的信度分析见表6-1。

信度检验结果　　　　　　　表6-1

量表	维度	Cronbach's α系数
职业使命感 (总量表Cronbach's α系数 值为0.914)	导向力	0.770
	利他贡献	0.697
	职业坚守	0.704
	精益求精	0.648
	意义和价值	0.828
创造力	创造力	0.869

技能人才职业使命感量表的Cronbach's α系数为0.914,说明该量表的信度非常好;其5个维度中,意义和价值维度的Cronbach's α系数为0.828,导向力维度的Cronbach's α系数为0.770,职业坚守维度的Cronbach's α系数为0.704,利他贡献维度的Cronbach's α系数为0.697,精益求精维度的Cronbach's α系数为0.648,各维度的Cronbach's α系数均大于0.6,这表明技能人才职业使命感各维度量表的信度均可以接受,量表可以采用。此外,本书采用的创造力单维度量表的Cronbach's α系数为0.828,说明该量表的信度非常好。

2)效度检验

本书采用探索性因子分析和验证性因子分析对技能人才职业使命感量表和创造力量表进行效度分析。

(1)技能人才职业使命感探索性因子分析。

采取探索性因子分析时,首先需要通过Bartlett球形检验值和KMO值判断该样本数据是否适合进行探索性因子分析。表6-2中数据分析结果显示,技能人才职业使命感量表的KMO值为0.934,大于0.7,表明适合做探索性因子分析;另外,Bartlett球形检验近似卡方值为2771.659,显著性概率为0.000,

也表明样本数据可以进行探索性因子分析。

职业使命感量表的Bartlett球形检验和KMO值　　　表6-2

	近似卡方	2771.659
Bartlett球形检验	自由度	136
	显著性	0.000
KMO取样适切性量数		0.934

表6-3用主成分分析法对技能人才职业使命感量表进行了探索性因子分析,结果显示,技能人才职业使命感量表呈现出清晰的五因子结构,与第5章的分析结果一致,解释累积变异量达到66.367%,超过60%,证明量表具有较好的结构效度。

职业使命感量表的探索性因子分析　　　表6-3

题项	初始特征值			提取载荷平方和			旋转载荷平方和		
	总计	方差百分比	累积	总计	方差百分比	累积	总计	方差百分比	累积
1	7.230	42.530	42.530%	7.230	42.530	42.530%	2.894	17.026	17.026%
2	1.402	8.245	50.775%	1.402	8.245	50.775%	2.882	16.952	33.979%
3	1.106	6.506	57.281%	1.106	6.506	57.281%	2.411	14.180	48.159%
4	0.821	4.832	62.113%	0.821	4.832	62.113%	1.679	9.875	58.034%
5	0.723	4.254	66.367%	0.723	4.254	66.367%	1.417	8.333	66.367%
6	0.698	4.105	70.472%						
7	0.642	3.774	74.246%						
8	0.603	3.549	77.795%						
9	0.570	3.353	81.148%						
10	0.499	2.937	84.085%						
11	0.488	2.869	86.954%						
12	0.467	2.748	89.702%						
13	0.433	2.544	92.246%						
14	0.364	2.138	94.385%						
15	0.348	2.044	96.429%						
16	0.310	1.826	98.255%						
17	0.297	1.745	100.000%						

（2）技能人才创造力探索性因子分析。

表6-4中数据分析结果显示,技能人才创造力量表的KMO值为0.881,大于0.7,表明适合做探索性因子分析;此外,Bartlett球形检验近似卡方值为971.987,显著性概率为0.000,也表明样本数据可以进行探索性因子分析。

创造力量表的Bartlett球形检验和KMO值　　　　表6-4

Bartlett球形检验	近似卡方	971.987
	自由度	15
	显著性	0.000
KMO取样适切性量数		0.881

技能人才创造力量表的探索性因子分析结果见表6-5,采用主成分分析法进行分析后,技能人才创造力量表呈现出清晰的单维度结构,这与前文的分析结果相符。分析结果中唯一主因子的解释累积变异量达到60.590%,表明量表具有较好的结构效度。

创造力量表的探索性因子分析　　　　表6-5

题项	初始特征值			提取载荷平方和		
	总计	方差百分比	累积	总计	方差百分比	累积
1	3.635	60.590	60.590%	3.635	60.590	60.590%
2	0.664	11.068	71.658%			
3	0.508	8.460	80.118%			
4	0.457	7.610	87.728%			
5	0.394	6.561	94.289%			
6	0.343	5.711	100.000%			

注:表中数据提取方法为主成分分析法。

（3）验证性因子分析。

验证性因子分析证明,创造力量表具有良好的信度。本书利用Mplus软件进行验证性因子分析,采用CFI、RMSEA、TLI、χ^2/df等指标来衡量模型的区分效度,检验结果见表6-6。由表6-6中数据可知,单因子模型(以字母WP代表职业使命感,字母EC代表创造力)的$\chi^2/df=3.979$,RMSEA=0.089,CFI=0.833,TLI=0.817;二因子模型的$\chi^2/df=2.586$,RMSEA=0.065,CFI=0.915,TLI=

0.903，相比较于单因子模型，二因子模型各项指标均符合评价标准，分析结果更优，区分效度更好。

二因子模型各项指标均符合评价标准，分析结果更优，区分效度更好。

验证性因子分析结果

表6-6

模型	因子	χ^2	df	χ^2/df	RMSEA	CFI	TLI
单因子	WP+EC	915.220	230	3.979	0.089	0.833	0.817
二因子	WP，EC	568.841	220	2.586	0.065	0.915	0.903
评价标准				<3	<0.08	>0.9	>0.9

综上所述，技能人才职业使命感量表和创造力量表均表现出较好的信效度，可以进行进一步数据分析。

6.3.2　共同方法偏差检验

由于本书的数据都是同一时间进行集中收集的，且采取的是主观测量的方法，可能会出现共同方法偏差，因此，本书采用Harman单因素因子分析法对数据进行共同方法偏差检验。将技能人才职业使命感量表和创造力量表的23个题项纳入因子分析，检验结果见表6-7。表中数据显示，析出最大因子的方差解释率（20.262%）未达总解释量（55.442%）的一半，说明共同方法偏差问题并不严重，因此可以进行后续分析。

Harman单因素因子分析法检验结果

表6-7

题项	初始特征值			提取载荷平方和			旋转载荷平方和		
	总计	方差百分比	累积	总计	方差百分比	累积	总计	方差百分比	累积
1	9.746	42.376	42.376%	9.746	42.376	42.376%	4.660	20.262	20.262%
2	1.626	7.069	49.444%	1.626	7.069	49.444%	4.297	18.681	38.942%
3	1.380	5.998	55.442%	1.380	5.998	55.442%	3.795	16.500	55.442%
4	0.949	4.125	59.567%						
5	0.802	3.486	63.053%						
6	0.724	3.149	66.202%						
7	0.702	3.052	69.254%						
8	0.671	2.915	72.169%						

题项	初始特征值			提取载荷平方和			旋转载荷平方和		
	总计	方差百分比	累积	总计	方差百分比	累积	总计	方差百分比	累积
9	0.601	2.614	74.783%						
10	0.578	2.512	77.294%						
11	0.564	2.451	79.746%						
12	0.508	2.208	81.953%						
13	0.501	2.178	84.131%						
14	0.467	2.031	86.162%						
15	0.440	1.912	88.074%						
16	0.413	1.798	89.872%						
17	0.394	1.713	91.585%						
18	0.374	1.626	93.210%						
19	0.348	1.511	94.721%						
20	0.344	1.496	96.217%						
21	0.318	1.383	97.599%						
22	0.295	1.284	98.883%						
23	0.257	1.117	100.000%						

注:表中数据提取方法为主成分分析法。

6.3.3 控制变量差异性检验

1)控制变量的选取

本书依据现有技能人才职业使命感、创造力等相关文献的控制变量选取,以及前文的研究结论,选取5个个体工作特征相关变量作为控制变量,即性别、年龄、最高学历、工作年限和技术等级。

2)控制变量对自变量和因变量的影响分析

(1)技能人才职业使命感和创造力的性别差异性检验。

以技能人才的性别为自变量,以其职业使命感整体、职业使命感各维度(导向力、利他贡献、职业坚守、精益求精、意义和价值)、创造力作为因变量,对性别上的得分差异进行独立样本T检验,结果见表6-8。由表6-8可知,在创造力、职业使命感整体以及职业使命感各维度上,男性和女性的得分都没有显著差异($p>0.05$),这表明性别对技能人才职业使命感和其创造力不存在差异性影响。

技能人才职业使命感和创造力的性别差异性检验　　　　表6-8

变量	男(样本数=219)	女(样本数=161)	T检验值	显著性
创造力(EC)	5.697 ± 0.816	5.669 ± 0.812	0.336	0.737
职业使命感(WP)	5.904 ± 0.607	5.831 ± 0.643	1.129	0.260
WP1:导向力	5.664 ± 0.87	5.534 ± 0.917	1.401	0.162
WP2:利他贡献	6.056 ± 0.685	5.952 ± 0.749	1.405	0.161
WP3:职业坚守	6.079 ± 0.658	6.041 ± 0.718	0.532	0.595
WP4:精益求精	5.893 ± 0.617	5.832 ± 0.657	0.918	0.359
WP5:意义和价值	5.849 ± 0.848	5.803 ± 0.81	0.538	0.591

(2)技能人才职业使命感和创造力的年龄段差异性检验。

以技能人才的年龄段(25岁以下、26~35岁、36~45岁、45岁以上)为自变量,以其职业使命感整体、职业使命感各维度(导向力、利他贡献、职业坚守、精益求精、意义和价值)、创造力作为因变量,对年龄上的得分差异进行ANOVA检验,结果见表6-9。

由表6-9可知,不同年龄段在技能人才职业使命感的导向力维度、职业坚守维度、精益求精维度、意义和价值维度均存在显著性差异。此外,不同年龄段对技能人才整体职业使命感和创造力也存在显著性差异。

年龄段在各个因子上ANOVA检验结果　　　　表6-9

年龄段	WP1:导向力		WP2:利他贡献		WP3:职业坚守		WP4:精益求精		WP5:意义和价值		WP:职业使命感		EC:创造力	
	M	SD	M	SD	M	SD	M	SD	M	SD	M	SD	M	SD
25岁以下	5.22	5.68	5.81	6.06	5.71	6.14	5.61	5.91	5.47	5.89	5.56	5.93	5.31	5.76
26~35岁	5.68	5.69	6.06	6.00	6.14	6.10	5.91	5.91	5.89	5.88	5.93	5.91	5.76	5.74
36~45岁	5.69	5.54	6.00	5.79	6.10	6.00	5.91	5.91	5.88	5.97	5.91	5.85	5.74	5.44

年龄段	WP1: 导向力		WP2: 利他贡献		WP3: 职业坚守		WP4: 精益求精		WP5: 意义和价值		WP: 职业使命感		EC: 创造力	
	M	SD	M	SD	M	SD	M	SD	M	SD	M	SD	M	SD
45岁以上	5.54	5.61	5.79	6.01	6.00	6.06	5.91	5.87	5.97	5.83	5.85	5.87	5.44	5.69
F	4.38**		2.23		6.46***		3.77*		4.22**		5.82**		5.27**	
事后检验 （LSD）	1<2/3/4				1<2/3/4		1<2/3/4		1<2/3/4		1<2/3/4		1<2/3/4	

注: *** $p < 0.001$; ** $p < 0.01$; * $p < 0.05$;M 表示中位数;SD 表示标准差;下统计量表示所有解释变量整体的显著性;LSD 一行中的数字代表不同组别。余下表同。

在技能人才职业使命感的导向力维度,"25岁以下"组别的均值得分为5.22,"26~35岁"组别的均值得分为5.68,"36~45岁"组别的均值得分为5.69,"45岁以上"组别的均值得分为5.54,由事后检验(LSD)可知,25岁以下组别的职业使命感导向力显著小于其他组别。同理,在技能人才职业使命感的职业坚守维度、精益求精维度、意义和价值维度,25岁以下组别的均值得分也较低于其他群组,由事后检验(LSD)的结果可知,除了利他贡献维度外,25岁以下组别的职业使命感其他维度均显著小于其他组别。

对整体职业使命感而言,"25岁以下"组别的均值得分为5.56,"26~35岁"组别的均值得分为5.93,"36~45岁"组别的均值得分为5.91,"45岁以上"组别的均值得分为5.85。由事后检验(LSD)可知,25岁以下组别的整体职业使命感显著小于其他组别。

对创造力而言,"25岁以下"组别的均值得分为5.31,"26~35岁"组别的均值得分为5.76,"36~45岁"组别的均值得分为5.74,"45岁以上"组别的均值得分为5.44。由事后检验(LSD)可知,25岁以下技能人才的创造力显著小于其他组别。

(3)技能人才职业使命感和创造力的最高学历差异性检验。

将技能人才的最高学历分为5个组别,分别是初中及以下、高中或中专、大专、本科、研究生及以上。以技能人才的最高学历作为自变量,以其职业使命感整体、职业使命感各维度(导向力、利他贡献、职业坚守、精益求精、意义和价值)、创造力作为因变量,对其最高学历的得分差异进行 ANOVA 检验,结果见表6-10。

学历在各个因子上 ANOVA 检验 表6-10

最高学历	WP1:导向力		WP2:利他贡献		WP3:职业坚守		WP4:精益求精		WP5:意义和价值		WP:职业使命感		EC:创造力	
	M	SD	M	SD	M	SD	M	SD	M	SD	M	SD	M	SD
初中及以下	6.67	0.47	6.50	0.24	6.17	0.24	6.38	0.18	6.25	0.00	6.38	0.12	6.42	0.12
高中或中专	5.28	0.81	5.64	0.85	5.65	0.84	5.70	0.69	5.51	1.15	5.56	0.70	5.36	0.97
大专	5.50	1.02	6.00	0.77	6.15	0.64	5.93	0.62	5.89	0.81	5.90	0.63	5.66	0.90
本科	5.64	0.83	6.04	0.70	6.07	0.67	5.86	0.64	5.83	0.83	5.88	0.62	5.70	0.77
研究生及以上	5.72	1.05	6.07	0.58	6.09	0.72	5.86	0.63	5.88	0.69	5.92	0.58	5.78	0.81
F	2.04		1.98		2.45*		0.93		1.11		1.90		1.52	
LSD	2<1/3/4/5													

由表6-10中的数据可知,不同学历仅会对技能人才职业使命感的职业坚守维度($p<0.05$)带来显著性差异影响,而学历的不同并不会造成技能人才职业使命感的导向力维度、利他贡献维度、精益求精维度、意义和价值维度、整体职业使命感和创造力的显著差异。

对于技能人才职业使命感的职业坚守维度,"初中及以下"组别的均值得分为6.17,"高中或中专"组别的均值得分为5.65,"大专"组别的均值得分为6.15,"本科"组别的均值得分为6.07,"研究生及以上"组别的均值得分为6.09。由事后检验(LSD)可知,最高学历为高中或中专的技能人才在职业使命感职业坚守方面的表现显著差于其他组别。

(4)技能人才职业使命感和创造力的工作年限差异性检验。

本书以技能人才的工作年限为自变量,以职业使命感整体、职业使命感各维度和创造力作为因变量,对工作年限上的得分差异进行 ANOVA 检验,具体检验结果见表6-11。

工作年限	WP1:导向力		WP2:利他贡献		WP3:职业坚守		WP4:精益求精		WP5:意义和价值		WP:职业使命感		EC:创造力	
	M	SD	M	SD	M	SD	M	SD	M	SD	M	SD	M	SD
1年以下	5.13	1.07	5.87	1.05	5.47	1.07	5.50	1.02	5.17	1.33	5.42	0.96	4.97	1.20
1~3年	5.56	0.97	5.94	0.67	5.93	0.70	5.80	0.63	5.76	0.78	5.80	0.63	5.64	0.72
3~10年	5.66	0.85	6.04	0.69	6.16	0.59	5.90	0.56	5.89	0.78	5.93	0.56	5.73	0.77
10年以上	5.74	0.74	6.10	0.70	6.22	0.57	6.05	0.65	6.06	0.67	6.04	0.55	5.95	0.72
F	3.09*		0.98		10.46***		4.67**		7.22***		6.76***		8.83***	
LSD	1<2/3/4				1<2/3/4		1<2/3/4		1<2/3/4		1<2/3/4		1<2/3/4	

由表6-11中的数据可知,不同工作年限在技能人才职业使命感的导向力维度($p<0.05$)、职业坚守维度($p<0.001$)、精益求精维度($p<0.01$)、意义和价值维度($p<0.001$)均存在显著性差异。此外,不同年龄段对技能人才整体职业使命感和创造力均在0.001的水平上存在显著性差异。

相较于其他组别,工作年限为1年以下的技能人才在职业使命感的导向力维度、职业坚守维度、精益求精维度、意义和价值维度、整体职业使命感和创造力方面均表现出较低的水平。具体而言,其导向力维度的平均得分为5.13,职业坚守维度的平均得分为5.47,精益求精维度的平均得分为5.50,意义和价值维度的平均得分为5.17,整体职业使命感的平均得分为5.42,创造力的平均得分为4.97,与其他3个组别的平均得分相差较大。

(5)技能人才职业使命感和创造力的技术等级差异性检验。

按照技术等级,把技能人才划分为5类,即第五类为初级工,第四类为中级工,第三类为高级工,第二类为技师,第一类为高级技师。以技能人才的技术等级作为自变量,以其职业使命感整体、职业使命感各维度(导向力、利他贡献、职业坚守、精益求精、意义和价值)、创造力作为因变量,探讨其不同技术等级对各因子是否存在差异性影响。ANOVA检验的结果见表6-12。

技术等级在各个因子上 ANOVA 检验　　　　表6-12

技术等级	WP1:导向力		WP2:利他贡献		WP3:职业坚守		WP4:精益求精		WP5:意义和价值		WP:职业使命感		EC:创造力	
	M	SD	M	SD	M	SD	M	SD	M	SD	M	SD	M	SD
初级工	5.32	1.09	5.99	0.85	5.84	0.88	5.73	0.80	5.56	1.10	5.69	0.78	5.33	1.04
中级工	5.67	0.81	5.99	0.67	6.05	0.69	5.84	0.61	5.84	0.77	5.87	0.60	5.69	0.76
高级工	5.56	0.93	6.01	0.74	6.14	0.53	5.88	0.58	5.80	0.82	5.88	0.57	5.75	0.73
技师	5.82	0.77	6.11	0.70	6.24	0.57	6.04	0.54	6.09	0.70	6.06	0.56	5.92	0.72
高级技师	5.61	0.77	5.94	0.56	5.94	0.65	5.96	0.62	5.79	0.52	5.85	0.53	5.79	0.63
F	2.73*		0.37		3.17*		2.08		3.10*		2.84*		4.71**	
LSD	1<2/3/4/5				1<2/3/4/5				1<2/3/4/5		1<2/3/4/5		1<2/3/4/5	

根据表6-12中的数据可知,不同工作年限在技能人才职业使命感的导向力维度($p<0.05$)、职业坚守维度($p<0.05$)、意义和价值维度($p<0.05$)、整体职业使命感($p<0.05$)、创造力($p<0.01$)方面均存在显著性差异。然而,工作年限的不同并不会使技能人才职业使命感的利他贡献维度和精益求精维度产生显著差异。

技术等级为初级的技能人才在职业使命感的导向力维度、职业坚守维度、意义和价值维度、整体职业使命感和创造力方面,均表现出相对其他组别更低的水平。具体而言,其导向力维度的平均得分为5.32,职业坚守维度的平均得分为5.84,意义和价值维度的平均得分为5.56,整体职业使命感的平均得分为5.69,创造力的平均得分为5.33,与其他4个组别的平均得分相差较大。然而,初级工在职业使命感的利他贡献维度和精益求精维度表现出与其他组别相似的水平。值得一提的是,在利他贡献维度,相比平均得分为5.94的高级技师,初级工的平均得分为5.99,与中级工的平均得分持平,展现出愿意帮助同事、愿意为组织作贡献的良好表现。

6.3.4　描述性统计分析

本书对数据进行了描述性统计,结果见表6-13。

类别	选项	人数	所占百分比
性别	男	219	57.63%
	女	161	42.37%
年龄	25岁以下	57	15.00%
	26~35岁	266	70.00%
	36~45岁	49	12.89%
	45岁以上	8	2.11%
最高学历	初中及以下	2	0.53%
	高中或中专	23	6.05%
	大专	70	18.42%
	本科	246	64.74%
	研究生及以上	39	10.26%
工作年限	1年以下	25	6.58%
	1~3年	93	24.47%
	3~10年	219	57.63%
	10年以上	43	11.32%
技术等级	初级工（五级）	62	16.32%
	中级工（四级）	155	40.79%
	高级工（三级）	86	22.63%
	技师（二级）	60	15.79%
	高级技师（一级）	17	4.47%

（1）性别方面，男性占比为57.63%，女性占比为42.37%，男性略多于女性，但总体来说，相差不大。

（2）年龄方面，受调查技能人才中数量最多的是26~35岁，占比为70.00%，25岁以下和36~45岁年龄段的比例接近，45岁以上年龄段的人数最少。

（3）最高学历方面，人数最多的是本科学历，占比为64.74%，人数最少的是初中及以下学历。

(4)工作年限方面,走上工作岗位3~10年的人数最多,占比为57.63%,超过半数。

(5)技术等级方面,在样本中,技术等级为中级工的技能人才是数量最多的,占比为40.79%,其次是高级工,而初级工和技师的人数比例相近,人数最少的是高级技师,仅占了4.47%的比例。

6.3.5 相关性分析

本书采用Pearson相关分析检验变量之间的相关性,结果如表6-14所示。可以看出,技能人才职业使命感及其5个维度与创造力之间都存在显著的正相关关系,初步验证了假设1和假设1a、假设1b、假设1c、假设1d、假设1e五个分假设。

相关性分析结果(样本量=380) 表6-14

变量	均值	标准差	1	2	3	4	5	6	7	8	9	10	11	12
性别	1.42	0.49	1											
年龄段	2.02	0.60	-0.118*	1										
最高学历	3.78	0.73	0.045	-0.020	1									
工作年限	2.74	0.74	-0.062	0.612*	0.035	1								
技术等级	2.51	1.08	-0.156*	0.336*	0.234*	0.422*	1							
职业使命感	5.87	0.62	-0.058	0.136*	0.066	0.211*	0.134*	1						
创造力	5.69	0.81	-0.017	0.108*	0.071	0.225*	0.187*	0.763*	1					
导向力	5.61	0.89	-0.072	0.122*	0.085	0.137*	0.108*	0.814*	0.615*	1				
利他贡献	6.01	0.71	-0.072	0.044	0.088	0.087	0.031	0.791*	0.516*	0.566*	1			

变量	均值	标准差	1	2	3	4	5	6	7	8	9	10	11	12
职业坚守	6.06	0.68	−0.027	0.133*	0.068	0.256*	0.129*	0.795*	0.580*	0.473*	0.601*	1		
精益求精	5.87	0.63	−0.047	0.120*	0.000	0.182*	0.137*	0.835*	0.721*	0.556*	0.578*	0.682*	1	
意义和价值	5.83	0.83	−0.028	0.132*	0.044	0.209*	0.136*	0.894*	0.697*	0.708*	0.609*	0.626*	0.656*	1

6.3.6　回归分析

本书运用回归分析的方法,检验技能人才职业使命感及其5个维度对创造力之间的影响。对技能人才职业使命感及其5个维度(包括导向力、利他贡献、职业坚守、精益求精、意义和价值)、创造力进行均值中心化处理,然后分别以技能人才职业使命感及其5个维度为自变量,分别将控制变量(性别、年龄、最高学历、工作年限、技术等级)和创造力代入回归方程,回归分析的结果见表6-15~表6-20。t统计量(t-value 或 t-statistic)主要用于检验模型中自变量的回归系数显著性,即判断该自变量对因变量是否存在统计学上的显著影响。β值表示自变量对因变量的影响程度,也称为标准化回归系数。

表6-15显示,在控制了技能人才的性别、年龄、最高学历、工作年限、技术等级后,技能人才职业使命感对其创造力的影响依然显著($\beta=0.748, p < 0.001$)。换言之,在控制了技能人才的性别、年龄、最高学历、工作年限、技术等级以后,随着技能人才职业使命感水平的提高,其创造力也显著提高。因此,本书的假设1得到验证。

表6-16显示,在控制了技能人才的性别、年龄、最高学历、工作年限、技术等级后,技能人才职业使命感的导向力维度对其创造力的影响依然显著($\beta=0.597, p < 0.001$)。换言之,在控制了技能人才的性别、年龄、最高学历、工作年限、技术等级以后,随着技能人才职业使命感导向力维度水平的提高,其创造力也显著提高。因此,本书的分假设1a得到验证。

职业使命感对创造力回归分析结果 表6-15

变量模型		创造力			
		模型1		模型2	
		标准β	t	标准β	t
控制变量	性别	0.004	0.085	0.036	1.085
	年龄	−0.058	−0.911	−0.061	−1.456
	最高学历	0.037	0.705	−0.004	−0.110
	工作年限	0.214	3.228**	0.072	1.625
	技术等级	0.108	1.868	0.084	2.191*
自变量	职业使命感	—		0.748	22.095***
	Adj R^2	0.052		0.588	
	F	5.155***		91.265***	

注：Adj R^2 为调整后的 R 平方（Adjusted R^2），用于评估回归模型解释力的改进指标。余下表同。

职业使命感导向力维度对创造力回归分析结果 表6-16

变量模型		创造力			
		模型1		模型3	
		标准β	t	标准β	t
控制变量	性别	0.004	0.085	0.040	0.985
	年龄	−0.058	−0.911	−0.091	−1.782
	最高学历	0.037	0.705	−0.011	−0.267
	工作年限	0.214	3.228**	0.162	3.063**
	技术等级	0.108	1.868	0.094	2.029*
自变量	导向力	—		0.597	14.774***
	Adj R^2	0.052		0.400	
	F	5.155***		43.168***	

表6-17显示，在控制了技能人才的性别、年龄、最高学历、工作年限、技术等级后，技能人才职业使命感的利他贡献维度对其创造力的影响依然显著（$\beta=0.504$，$p<0.001$）。换言之，在控制了技能人才的性别、年龄、最高学历、工作年限、技术等级以后，随着技能人才职业使命感利他贡献维度水平的提高，其创造力也显著提高。因此，本书的分假设1b得到验证。

职业使命感利他贡献维度对创造力回归分析结果　　　表6-17

变量模型		创造力			
		模型1		模型4	
		标准β	t	标准β	t
控制变量	性别	0.004	0.085	0.044	1.000
	年龄	−0.058	−0.911	−0.052	−0.946
	最高学历	0.037	0.705	−0.013	−0.289
	工作年限	0.214	3.228**	0.160	2.815**
	技术等级	0.108	1.868	0.131	2.632**
自变量	利他贡献	—		0.504	11.623***
	Adj R^2	0.052		0.302	
	F	5.155***		28.354***	

　　表6-18显示,在控制了技能人才的性别、年龄、最高学历、工作年限、技术等级后,技能人才职业使命感的职业坚守维度对其创造力的影响依然显著($\beta=0.555,p<0.001$)。换言之,在控制了技能人才的性别、年龄、最高学历、工作年限、技术等级以后,随着技能人才职业使命感职业坚守维度水平的提高,其创造力也显著提高。因此,本书的分假设1c得到验证。

　　表6-19显示,在控制了技能人才的性别、年龄、最高学历、工作年限、技术等级后,技能人才职业使命感的精益求精维度对其创造力的影响依然显著($\beta=0.597,p<0.001$)。换言之,在控制了技能人才的性别、年龄、最高学历、工作年限、技术等级以后,随着技能人才职业使命感精益求精维度水平的提高,其创造力也显著提高。因此,本书的分假设1d得到验证。

职业使命感职业坚守维度对创造力回归分析结果　　　表6-18

变量模型		创造力			
		模型1		模型5	
		标准β	t	标准β	t
控制变量	性别	0.004	0.085	0.013	0.307
	年龄段	−0.058	−0.911	−0.038	−0.705
	最高学历	0.037	0.705	0.005	0.122
	工作年限	0.214	3.228**	0.063	1.120

续上表

变量模型		创造力			
		模型1		模型5	
		标准β	t	标准β	t
控制变量	技术等级	0.108	1.868	0.102	2.109*
自变量	职业坚守	—		0.555	12.841***
	Adj R^2	0.052		0.341	
	F	5.155***		33.659***	

职业使命感精益求精维度对创造力回归分析结果 表6-19

变量模型		创造力			
		模型1		模型6	
		标准β	t	标准β	t
控制变量	性别	0.004	0.085	0.022	0.614
	年龄段	−0.058	−0.911	−0.058	−1.281
	最高学历	0.037	0.705	0.052	1.419
	工作年限	0.214	3.228**	0.109	2.317*
	技术等级	0.108	1.868	0.056	1.364
自变量	精益求精	—		0.701	19.529***
	Adj R^2	0.052		0.530	
	F	5.155***		72.227***	

表6-20显示,在控制了技能人才的性别、工作年限、年龄、最高学历、技术等级后,技能人才职业使命感的意义和价值维度对其创造力的影响依然显著($\beta=0.597$, $p<0.001$)。换言之,在控制了技能人才的性别、年龄、最高学历、工作年限、技术等级以后,随着技能人才职业使命感意义和价值维度水平的提高,其创造力仍会显著提高。因此,本书的分假设1e得到验证。

职业使命感意义和价值维度对创造力回归分析结果 表6-20

变量模型		创造力			
		模型1		模型7	
		标准β	t	标准β	t
控制变量	性别	0.004	0.085	0.011	0.288
	年龄段	−0.058	−0.911	−0.059	−1.260

变量模型		创造力			
		模型1		模型7	
		标准β	t	标准β	t
控制变量	最高学历	0.037	0.705	0.019	0.492
	工作年限	0.214	3.228**	0.088	1.801
	技术等级	0.108	1.868	0.075	1.761
自变量	意义和价值	—		0.676	18.024***
	Adj R^2	0.052		0.492	
	F	5.155***		62.162***	

6.4　结论与讨论

本章探索了技能人才职业使命感对创造力的影响,实证研究中回归分析的结果有力地验证了假设1和分假设1a、1b、1c、1d、1e。技能人才职业使命感对创造力具有正向影响作用,这与预测的研究结果一致,即技能人才职业使命感及其导向力、利他贡献、职业坚守、精益求精、意义和价值5个维度的水平越高,其创造力也越高。同时,这一结论与现实情况也相符:职业使命感高的技能人才会有较大的工作动力,能够不畏艰苦环境执着努力工作,较大的工作动力会提升技能人才对工作技能的熟练度,从而促进创新。

从导向力维度和利他贡献维度来看,职业使命感强的人会将目标与追求转化为强大的行动力,并且职业使命感强的技能人才会对企业带来积极的影响,这进一步加大了职业使命感强的技能人才作出创新行为的可能。

从职业坚守维度和精益求精维度来看,技能人才岗位特殊,职业坚守是技能人才坚持工作的精神支柱和思想指南,精益求精是技能人才对精益求精、尽善尽美的精神理念的追求。具有高职业坚守与高精益求精追求的个体更能忍耐艰苦的环境与枯燥的工作,对自我和产品的要求越高,更容易积累大量的经验,从而促进其创造力的提升。总体来说,技能人才职业使命感及其导向力、利他贡献、职业坚守、精益求精、意义和价值5个维度的水平对创造力具有正向影响作用。

从意义和价值维度来看,外部召唤是指一个人所感受到的外部的力量对自己行为和态度的影响,这种外部力量包括社会需求、家庭因素、国家需要以及学校教育等。在大众创业、万众创新的新时代背景下,不少个体会被这样的氛围所触动,为响应时代要求,不断追求创新;目标和意义感是指个体将工作与生活融为一体,个体能够像对待生活一样对待工作,不断提升工作效率和水平;具有亲社会性的个体具有强烈的意愿去帮助别人,为社会谋福祉,愿意为社会贡献自己的力量,更愿意服务公众利益,个体会乐于奉献,不断提升效率,完善并改进工作方法。

6.5　本章小结

本章目的是研究技能人才职业使命感及其各维度对创造力的直接影响。利用相关分析和回归分析,本章验证了技能人才职业使命感整体对创造力的正向促进作用以及5个维度(包括导向力、利他贡献、职业坚守、精益求精、意义和价值)对创造力的正向促进作用。至此,假设1和分假设1a、1b、1c、1d、1e均得到验证。

顺应 **新质**
生产力
发 展 要 求 的
技能人才创造力培养路径研究

7

技能人才职业使命感
提升创造力的作用机制

7.1 研究目的

第5章和第6章的研究结果,证实了技能人才职业使命感5个子维度对于其创造力能够产生显著正向影响。为了进一步探究新时代技能人才职业使命感作为整体的二阶模型对个体创造力的影响,本章将在第5章和第6章结论的基础上,引入个体层面的心理所有权和人-组织匹配作为中介变量和调节变量,基于心理所有权理论和资源保存理论,构建有调节的中介模型,进一步探究技能人才职业使命感激发个体创造力的过程机制和相应的边界条件。

7.2 研究方法

7.2.1 测量工具

为保证量表的有效性和可信度,本书选择在国内外研究中广泛采用的较为成熟的量表,并在此基础上采用"翻译—回译"程序,翻译其中的英文量表,从而确保各题项的准确性。各个量表均采用李克特7点计分方式,从"1"到"7"程度依次提高。

(1)职业使命感。采用第4章中根据技能人才群体特征及工作特点开发的技能人才职业使命感测量量表,包括导向力、利他贡献、职业坚守、精益求精、意义和价值5个维度,共17个题项,如"我感觉有一种无形的力量推动着我从事目前的职业"等。

(2)技能人才创造力。采用 George 和 Zhou 开发的个体创造力量表,选择其中的6个题项,如"我总是能在工作中提出新的想法"等,量表的 Cronbach's α 系数为0.925。

（3）心理所有权。采用 Brown 和 Pierce 开发的单维度量表，包括6个题项，如"我觉得这份工作是属于我的"和"我觉得工作中的一部分是属于我的"，量表的 Cronbach's α 系数为 0.836。

（4）人-组织匹配。采用 Cable 和 Derue 开发的9个题项的量表，如"工作要求与我的工作技能相匹配"，量表的 Cronbach's α 系数为 0.865。

（5）控制变量。根据前人研究，将一部分个体基本信息及工作特征的相关变量作为控制变量，例如年龄、学历、公司任职年限和职称等级等。

7.2.2 统计分析方法

通过在线问卷平台，发放线上问卷获取数据，进行统计分析。首先运用结构方程软件 AMOS 22.0 对变量间的区分效度进行检验；之后使用 SPSS 22.0 对变量之间的相关性进行分析。最后，采用多元回归分析方法和 Bootstrap 法对心理所有权的中介效应、人-组织匹配的调节效应以及带调节的中介效应进行验证，以检验本书提出的研究假设。

7.3 数据分析和结果

7.3.1 变量的区分效度

为了检验主要变量之间的区分效度，对职业使命感、心理所有权、创造力和人-组织匹配4个变量进行验证性因子分析，结果如表7-1所示。在所有模型中，四因素模型拟合最优（χ^2/df =2.13，NFI=0.98，IFI=0.99，GFI=0.92，RMSEA=0.067，SRMR=0.039），其拟合度明显优于其他4个竞争模型，并且各参数都达到拟合标准，说明本书选择的4个变量均具有良好的区分效度。

验证性因子分析结果 　　　　　　　　　　表7-1

模型	χ^2	df	χ^2/df	RMSEA	NFI	IFI	GFI	SRMR
单因子：CC+PO+CREA+FIT	1694.58	122	14.24	0.197	0.88	0.89	0.665	0.096

模型	χ^2	df	χ^2/df	RMSEA	NFI	IFI	GFI	SRMR
二因子A：CC+PO，CREA+FIT	1361.79	116	11.54	0.176	0.90	0.91	0.68	0.110
二因子B：CC+FIT，PO+CREA	1550.43	116	13.14	0.189	0.90	0.91	0.65	0.086
三因子：CC+PO，CREA，FIT	591.21	116	5.10	0.110	0.95	0.96	0.83	0.060
四因子：CC，PO，CREA，FIT	240.17	110	2.13	0.067	0.98	0.99	0.92	0.039
四因子+方法因子	185.64	95	2.02	0.053	0.98	0.99	0.94	0.030

注：IFI、GFI、NFI通常是在结构方程模型（SEM）分析中用于评估模型拟合度的指标。

7.3.2 共同方法偏差检验

采用较为广泛的Harman单因素因子分析法检验共同方法偏差问题。结果显示，被析出的4个因子中，方差解释率最大的因子为32.03%，未达总解释量的一半，说明不存在严重的共同方法偏差。为进一步排除共同方法偏差，采用控制非可测潜在方法因子影响的方法检验是否存在共同方法偏差，结果见表7-1。加入方法因子后，RMSEA、NFI、IFI和GFI等指数没有显著改善，再次验证了本研究中的共同方法偏差问题并不严重。

7.3.3 假设检验分析

1）中介效应检验

利用多层次回归和Bootstrap相结合的方式来检验中介效应，结果见表7-2。将年龄、工作年限、最高学历和技术等级4个变量设置为控制变量后，职业使命感显著正向影响创造力（模型3，$\beta=0.285$，$p<0.001$），假设1得到了支持。在将心理所有权也纳入回归方程之后（模型4），职业使命感和创造力之间的相关系数由0.285下降到0.170，且心理所有权对创造力的正向影响仍然显著（$\beta=0.274$，$p<0.001$），说明心理所有权部分在职业使命感对创造力影响关系中起到部分中介作用，即员工的心理所有权在职业使命感和创造力之间起到了中介作用，即假设2和假设3得到了支持。

层次回归分析结果 表7-2

变量	心理所有权			创造力		
	模型1	模型2	模型3	模型4	模型5	模型6
年龄	−0.079	−0.225	−0.237	−0.215	−0.170	−0.160
工作年限	−0.007	0.047	0.070	0.072	0.056	0.052
最高学历	0.101	0.133	0.082	0.110	0.044	0.033
技术等级	−0.050	−0.085	−0.097	−0.084	−0.051	−0.053
职业使命感	0.419***		0.285***	0.170**	0.141***	0.117***
心理所有权				0.274***		
人-组织匹配					0.373*	0.328**
人-组织匹配*职业使命感						0.086***
R^2	0.175	0.029	0.108	0.170	0.223	0.232
调整后 R^2	0.157	0.011	0.088	0.148	0.202	0.202
ΔR^2	0.172	0.029	0.079	0.062	0.115	0.019
ΔF	46.449***	1.653	19.876***	16.612***	32.750***	2.607*

注:R^2是决定系数,又称拟合优度,是统计学中用于衡量回归模型对观测数据拟合程度的指标;ΔR^2是中介效应检验中衡量中介变量解释力的关键指标,反映自变量通过中介变量影响结果变量的路径强度;ΔF是验证中介变量是否带来显著解释力提升的核心指标,与ΔR^2共同支持中介效应的统计结论。

在中介效应得到初步验证的基础上,同时采用Hayes提出的中介检验方法,进一步验证心理所有权是否在职业使命感和创造力之间起到中介作用,通过SPSS-PROCESS软件进行Bootstrap检验。检验时,使用模型4,随机抽样20000次,将置信区间设置为95%,结果见表7-3。

心理所有权中介效应的Bootstrap检验 表7-3

心理所有权	β	Boot SE	95%置信区间	
			下限	上限
直接效应(c')	0.081	0.030	0.022	0.141
间接效应($a \times b$)	0.051	0.015	0.026	0.085

注:c'表示自变量职业使命感对因变量创造力的直接影响,即不通过中介变量而直接产生的效应。$a \times b$表示间接效应,即自变量职业使命感通过中介变量心理所有权影响创造力的效应量;β表示回归系数;Boot SE,即标准误差(Bootstrap Standard Error),数值越小,说明估计量越稳定,抽样误差越小。

由表7-3可知,员工心理所有权的间接效应($a×b$)的95%置信区间为[0.026,0.085],并不包含0,中介效应大小为0.051,因此心理所有权的中介效应显著。此外,在控制了心理所有权这一中介变量之后,职业使命感和创造力的关系仍然显著,95%置信区间为[0.022,0.141],同样不包含0,所以心理所有权起到了部分的中介作用。因此,假设2和假设3得到了进一步验证。

2)调节效应检验

为检验人-组织匹配在职业使命感与创造力之间的调节效应,本书首先验证了人-组织匹配在职业使命感和创造力之间是否具有调节作用,结果见表7-2。从模型6可知,人-组织匹配与技能人才职业使命感的交互项对其创造力具有显著的正向影响($β$=0.086,p<0.001),说明技能人才的人-组织匹配度的确调节了技能人才职业使命感和其创造力之间的关系,假设4得到了初步支持。

为了进一步验证人-组织匹配的调节作用,使用SPSS-PROCESS软件进行Simple Slope分析,结果见表7-4。随着人-组织匹配程度的提高,技能人才职业使命感对其创造力影响之间的相关系数不断增大,且95%的置信区间都不包含0,进一步验证了人-组织匹配在技能人才职业使命感对其创造力之间的直接效应中的调节作用。本书绘制了人-组织匹配对两者关系的调节效应图(图7-1)。可以看出,在人-组织匹配程度较高的前提下,职业使命感对创造力的作用更强,假设4得到了进一步支持。

人-组织匹配调节效应的 Simple Slope 检验 表7-4

人-组织匹配	$β$	Boot SE	T	P	95%置信区间	
					下限	上限
低于均值一个标准差	0.010	0.042	2.781	0.001	0.324	0.567
平均值	0.051	0.030	10.547	0.000	0.540	0.620
高于均值一个标准差	0.093	0.033	15.385	0.000	0.742	0.971

为了检验人-组织匹配对中介路径的调节作用,本书参考Hayes提出的有调节的中介检验方法,利用SPSS-PROCESS软件进行Bootstrap检验。由表7-5可知,人-组织匹配同样调节了心理所有权在技能人才职业使命感和

创造力之间的中介作用,即随着技能人才与其所处组织匹配程度的提升,心理所有权的中介作用也不断增大,假设5也得到支持。

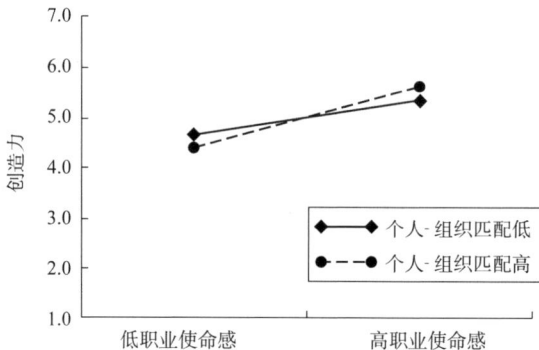

图7-1　个人-组织匹配对中介作用的调节效应图

被调节的中介作用Bootstrap检验　　　　　　　　表7-5

人-组织匹配	β	Boot SE	95% 置信区间	
			下限	上限
低于均值一个标准差	0.108	0.048	0.013	0.203
平均值	0.156	0.040	0.076	0.233
高于均值一个标准差	0.203	0.043	0.117	0.286

7.4　本章小结

基于前章的研究,本章利用多元线性回归分析和Bootstrap的方法,检验了职业使命感、心理所有权、人-组织匹配和创造力之间的关系,结果表明,职业使命感能够正向影响员工的创造力;人-组织匹配正向调节技能人才职业使命感对其创造力的影响作用,即技能人才与其组织的匹配度越高,技能人才职业使命感对其创造力的影响越强;心理所有权部分在技能人才职业使命感对其创造力影响过程中起到部分中介的积极作用;同时,技能人才与其组织匹配度也正向调节了技能人才心理所有权的中介作用。

基于心理所有权和资源保存理论,本章探讨了职业使命感作用下员工创造力的形成机制。理论贡献上主要有以下3个方面:首先,验证了职业使命感对创造力的影响,完善了职业使命感影响效果的理论研究,同时一定程度上丰富了创造力互动理论的研究,是对员工创造力研究的有效补充。其次,引入心理所有权作为中介变量,探索了职业使命感作为诱发因素激活员工创造力的内在心理机制。最后,人-组织匹配体现了个人和组织之间的认知重叠,之前很少有研究关注技能人才职业使命感和人-组织匹配之间的关系,因此,将人-组织匹配作为职业使命感发挥作用的边界条件可以有效推动职业使命感的研究。

在组织中,有职业使命感意味着员工视自己的工作具有较大的工作意义,激发组织中的个体努力形成可以激发创造力的内在心理资源。因此,为了激发员工的创造力,应该从组织制度设计出发,重视激发员工的职业使命感,此外,在提高技能人才职业使命感的同时还应该注重增强个体价值观、世界观、人生观和所在组织的目标一致性。只有技能人才发自内心地认同所在的组织,同时技能人才自身具有较高的职业使命感,才能真正激发其创造力,实现企业创新发展需要。

顺应 新质
生产力
发 展 要 求 的
技能人才创造力培养路径研究

8

结论与展望

人才是第一资源,成为促进新质生产力实现跃升的关键环节。技能人才在我国是一个特殊的职业群体,是推动我国先进生产力发展和社会全面进步的重要力量。但目前技能人才社会地位不高,其工作满意度和积极性、主动性也普遍较低,创造力普遍缺乏,这既影响了技能人才队伍的稳定性,也限制了技能人才的创造力,抑制了技能人才参与高质量发展的作用。

近几年,职业使命感成为研究的热点之一。目前的研究主要是基于西方文化背景,针对某些具体的行业,比如大学生、医生、教师、护士、青年科技人才等。而在新的时代和中华文化背景下,对某一职业人群使命感的研究还较少,对技能人才职业使命感的研究更是空白。因此,深入探索我国新时代背景下技能人才职业使命感的内容结构,开发合适的量表,在此基础上进一步探讨、论证技能人才职业使命感对创造力的影响及作用机制,对于培养技能人才职业使命感,激发技能人才冲破局限勇于创新,推动我国经济社会高质量发展具有重大意义。

本章首先归纳总结了主要研究结论,明确了理论贡献,为管理实践提供启示及建议。然后,对本书中存在的局限与不足进行说明,并提出顺应新质生产力要求的培养技能人才职业使命感和创造力的策略。

8.1 主要结论

本书基于新时代下我国的文化背景,研究了群体庞大且对我国高质量发展具有重要作用的技能人才的职业使命感及其对创造力的影响,并通过实证得出了以下结论:

(1)顺应新质生产力要求构建并验证了新时代技能人才职业使命感内容结构模型。

新时代技能人才职业使命感作为影响其创造力的直接变量,其内涵、结

8
结论与展望

构还不可知,其本土化背景下的测量方法仍尚未明晰。本书在文献综述与理论推演的基础上,查找整理技能人才职业使命感的相关语句,借助 SPSS 探索性因子分析构建了中国文化背景下新时代技能人才职业使命感内容结构模型,包括导向力、利他贡献、职业坚守、精益求精、意义和价值 5 个维度,这几个维度既凝练了长久以来西方学者对职业使命感的内涵研究的精髓,又融入了中国本土背景下技能人才的特点和新时代赋予的新内涵。在此基础上,本书进一步通过信度分析和验证性因子分析对技能人才职业使命感的五维度结构进行了检验,结果表明,新时代技能人才职业使命感量表的五维度结构具有较好的信度和效度。"导向力"维度指的是个体所能感受到的一种引导自己从事当前的职业并且为之努力提升自己的一种力量;"利他贡献"维度代表着个体希望通过自己的职业来帮助他人及社会,作出一定贡献的倾向性;"职业坚守"维度强调的是技能人才在职业使命中的坚持和不放弃;"精益求精"维度象征着个体能够严格高标准要求自己,使自己能够更出色地完成职业任务;"意义和价值"则意味着个体能否将自己的职业与自己存在的意义和价值联结起来。

(2)技能人才职业使命感在其年龄、最高学历、工作年限、职位类别上存在显著差异。

通过对文献的梳理与总结,本书发现性别、年龄、学历、工作年限和职位类别等因素一定程度上会影响技能人才表现出的职业使命感水平。因此,本书在研究技能人才职业使命感内容结构的基础上,通过独立样本 T 检验和 ANOVA 方差分析,进一步探究了技能人才职业使命感在不同特征的群体间是否会表现出显著差异,结果表明,技能人才职业使命感在其年龄、最高学历、工作年限和职位类别上存在显著差异,但在性别方面不存在显著差异。

具体而言:①不同年龄段在技能人才职业使命感的导向力维度、职业坚守维度、精益求精维度、意义和价值维度、整体职业使命感均存在显著性差异,25 岁以下技能人才的以上指标的平均得分均低于其他组别。②不同学历仅会对技能人才职业使命感的职业坚守维度带来显著性差异影响,最高学历为高中或中专的技能人才在职业使命感职业坚守方面的表现显著差于其他组别。③不同工作年限在技能人才职业使命感的导向力维度、职业坚守维度、精益求精维度、意义和价值维度、整体职业使命感均存在显著性差异,工作年限为1年以下的技能人才在以上各方面均表现出较低水平。④不同职位类别在技能人才职业使命感的职业坚守维度、导向力维度、意义和价值维度、整体职业使命感方面均存在显著性差异,其中,初级工在以上各指标的平均得分中表现出相对其他组别更低的水平。

(3)我国新时代背景下技能人才职业使命感及其各维度(导向力、利他贡献、职业坚守、精益求精、意义和价值)对其创造力均具有显著正向影响作用。

目前,关于新时代技能人才对其创造力影响的研究较少,各维度对创造力的影响机制尚不明确。此外,现有研究大多集中于教师、公务员、企业员工等,很少有学者关注到技能人才这个庞大的群体,因而探明技能人才职业使命感及其各维度对技能人才创造力的直接影响是一项重要研究问题。本书利用第4章开发的新时代技能人才职业使命感测量量表,面向企业技能人才进行问卷收集,共回收了380份有效问卷,通过层次回归分析,探索了新时代技能人才的职业使命感及其各维度对创造力的影响机制,实证研究结果表明,职业使命感对技能人才创造力有显著的正向影响;职业使命感的导向力维度、利他贡献维度、职业坚守维度、精益求精维度、意义和价值维度对技能人才创造力均有显著的正向影响。

(4)我国新时代背景下技能人才职业使命感通过促进其心理所有权进而间接影响其创造力。

通过对文献进行系统梳理发现,目前对技能人才职业使命感影响其创造力的过程机制仍不清楚。根据心理所有权理论,职业使命感能够赋予工作极强的价值感和意义感,并且能够相应地促进员工个体对工作的价值意义的认识,从而使员工对自己的工作产生更强的心理所有权。基于心理所有权理论,本书引入心理所有权作为中介变量,探索和论证了技能人才职业使命感影响创造力的间接作用机制。通过回归分析,本书验证了心理所有权在技能人才职业使命感与其创造力之间的部分中介作用。

(5)人-组织匹配在新时代技能人才职业使命感与其创造力之间发挥调节作用,且其调节效应通过心理所有权的中介作用实现。

随着研究的深入,学者们发现技能人才职业使命感对其创造力的影响程度存在一定的差异。之前很少有研究关注职业使命感和人-组织匹配之间的关系,但人-组织匹配体现了个人和组织之间的认知重叠。为进一步厘清影响其关系程度的情境因素,本书引入人-组织匹配,探究其对技能人才职业使命感对其创造力的调节作用。回归分析结果表明,人-组织匹配正向调节了技能人才职业使命感对其创造力的积极影响,即人-组织匹配程度越高,技能人才职业使命感对其创造力的积极影响越强。进一步,运用层次回归分析和 Bootstrap 方法,检验了有调节的中介效应,结果表明,人-组织匹配同时也正向调节了心理所有权的中介作用,即人-组织匹配越高,心理所有权的中介作用越强,反之越弱。

8.2 管理实践的启示与建议

8.2.1 组织层面的管理启示与建议

按照发展新质生产力的要求,应畅通教育、科技、人才的良性循环,完善人才培养、引进、使用、合理流动的工作机制;应深入实施人才强国战略,培养造就更多战略科学家、一流科技领军人才和创新团队等,进一步强化形成新质生产力的人才支撑。

在组织中,有职业使命感意味着技能人才视自己的工作具有较高的工作意义感,从而能激发其形成创造力的内在心理资源。在此过程中,人-组织匹配起到正向调节作用,即员工的人-组织匹配越高,职业使命感对员工创造力的影响越强;心理所有权起到部分中介作用;人-组织匹配同时也正向调节了心理所有权的中介作用,即人-组织匹配越高,心理所有权的中介作用越强,反之越弱。因此,组织在人力资源管理的过程中,需要注重培养新时代技能人才的职业使命感,提升其心理所有权水平,同时增强其人-组织匹配程度,激发其创造力,从而实现员工个体职业道路发展与组织可持续发展相互促进的良性循环。

(1)在技能人才管理制度方面,组织应当重视对员工职业使命感的提升,从而激发其创造力。

从技能人才职业生涯规划的角度而言,组织应当设立"一人一方案"制度,为每一位技能人才明晰其职业技术等级标准与职业发展晋升通道,充分调动技能人才的工作积极性,从导向力、意义和价值、精益求精等维度激发其职业使命感。

从技能人才绩效考评的角度而言,组织应当将职业使命感纳入对员工的绩效评价体系,通过设置适宜的职业使命感目标与权重,进行良好的绩效辅导沟通,引导技能人才有意识地对职业使命感产生重视,在实现绩效的同时提升其职业使命感。

从技能人才工作激励的角度而言,组织可以对表现出高水平职业使命感的技能人才进行及时的识别与嘉奖,包括但不限于薪酬激励、职业晋升、评优评先等激励手段,这不仅会促使受激励员工的职业使命感实现二次提升,也会为其他员工树立模范作用,带动其争相效仿,从而实现技能人才整体职业使命感水平的提升。

(2)在培养技能人才方面,政府部门应该加强顶层设计,站在战略高度,对行业职业教育进行顶层设计,尽快出台相关行业的指导意见。

进一步深化体制机制改革。突出企业在技术创新中的主体地位,使企业真正成为技术创新决策、研发投入、科研组织、成果转化的主体。健全科技成果使用、处置和收益管理制度,打通科技成果转化应用通道,推动企业主导的产学研深度融合,不断提高科技成果转化和产业化水平。更加注重促进职普融通,以行业与高校共建为契机,在共建高校或其他有意愿的高校开设一批具有行业特色的针对技能人才职业教育的示范基地。促进产教融合、校企合作,依托大型企业(集团)建设一批示范性的技能人才培训基地,

8

结论与展望

人 才 是 第 一 资 源 143

进一步完善技能人才职业教育体系。

(3)在组织文化与价值观的熏陶方面,强调组织给予员工的归属感,重视组织文化特征与员工个体特质的一致性与适配性,增强企业文化的职业使命感导向,能够有效激发技能人才的创新内驱力。

具体而言,组织可以通过加强集体主义文化建设,如将企业文化使命实体化、定期组织团队建设活动等方式,增强员工对企业的认同感,使其感知到自身的职业使命并提升其心理所有权;可以通过加强员工关怀,如组织管理者将部分精力放在关注员工的工作状态、身心状态变化上,从而使员工增强其组织归属感,提升其人-组织匹配水平;可以通过增强同事间的互助行为,如定期召开技能交流会、对利他行为较频繁的员工发放奖励等方式,使员工感知到自己与同事、组织的紧密相连,提高其职业使命感,从而达到与组织的融合,最终形成良性循环。

(4)在技能人才的招聘与配置方面,组织可以从招聘源头识别出员工的职业使命感水平,这为员工未来的个人创造力与组织可持续发展做了良好铺垫。

从组织招聘的角度来说,管理者可以对招聘的依据原则以及具体方法进行改善,如在笔面试环节关注技能人才技术水平的同时,以专业问卷、无领导小组面试等方式对其职业使命感进行识别与考量。从组织工作岗位配置的角度来说,用人部门应当识别出技能人才各自注重的职业使命感维度,根据其各自的导向力、利他贡献、职业坚守、精益求精、意义和价值水平,结合其技术水平、特长与兴趣,配置到更符合其内心对职业使命感认知的岗位,在此基础上,通过各岗位不同的工作任务、工作流程与上级授权,使技能人才的职业使命感得到锻炼与提升,同时使企业的配置得到优化。

(5)在技能人才的培训与开发方面,组织能够通过以下方式持续提升员工的职业使命感水平,进而使其迸发出工作创造力。

首先,用人部门可以针对具有高水平职业使命感的员工制订差异化、个性化的培训计划。此类人群往往更能感受到职业的导向力,注重追寻所从事职业的意义与价值,因而对自身的职业规划较清晰,也对工作任务、技术水平等具有更高的要求。因此,通过制订差异化、个性化培训计划的方式,组织能够锻炼其工作胜任力,增强其心理所有权以及人-组织匹配水平。

其次,从技能人才职业使命感的利他贡献维度出发,用人部门在员工培训中应积极培养员工的亲社会导向和利他导向行为,鼓励其在自我价值实现的同时注重自身的社会服务意识,加强员工的奉献精神和利他贡献行为。

最后,用人部门可以总结出一套技能人才工作中遇到困难和问题时的解决方案,包括对于技术问题、心理问题的对策建议,并号召员工根据亲身经历不断提供宝贵经验,最终建立起专属的"解决方案数据库"。在员工培训与开发的过程中,用人部门可以通过专题讲座的形式,使员工系统地学习数据库中较为经典的案例,帮助其培养技术水平的同时,更能提升其面对工作难题时坚韧不拔的精神,增强其职业使命感职业坚守维度的水平,使其工作中的精神支柱更强大、思想指南更清晰。

8.2.2 个体层面的管理启示与建议

(1)寻找工作意义,提升职业使命感。

在新时代背景下,个体并不仅仅追求物质上的丰富,还在时时刻刻追寻着精神上的满足,除了短暂的非工作时间,个体基本上都处于工作状态,工作耗费了其大量的时间和精力。在这种情况下,技能人才应当在企业中寻找工作的意义和价值,提升职业使命感,化被动为主动,将工作从维持生活的物质所需变为满足精神需求的必要渠道,从而借助自己的内部力量确认自己的使命、实现人生的意义与价值。首先,技能人才可以主动学习企业文化,深化自我对企业的了解,提升自己对企业和自身岗位的认同感和归属感。其次,技能人才可以通过霍兰德职业兴趣测试、MBTI职业性格测试、与领导和同事交流、和亲朋好友沟通等方式来了解自我,实现对自我的清晰的、正确的认知。最后,技能人才可以根据具体工作状态,与个人情况相结合,在一定程度上提升自己的职业使命感,并根据自己的追求构建理想的生活。

8 结论与展望

(2)发挥职业使命感的积极作用,将其转化为工作资源。

根据职业使命感的利他贡献、职业坚守和精益求精3个维度,在职业使命感处于较高状态时,技能人才会为企业作出更大的贡献,向同事提供更多帮助,即使在工作中面对困难,也会百折不挠、坚守岗位、坚持工作。同时,他们对自我和产品都有着极高标准的要求,其高超的技能、严谨的工作态度、对精益求精的追求自然而然在组织中展现出来。在这种情况下,技能人才很大可能会获得组织的认可与支持,以及其他员工对其的尊重与钦佩。

基于此,首先,技能人才应当提高主动性,抓住机会,发挥出职业使命感在企业中的积极作用,例如,向组织申请培训资源和学习机会以学习新的知识和技能,为未来的职业生涯发展做好准备。其次,可以通过借助同事的方式,获得积极评价,建立良好的人际关系,互相学习,共同进步。最后,将技能人才的内心力量职业使命感转化为外部力量,实现内外部的有机循环,获得资源增益。

(3)适当控制职业使命感,实现个体长期发展。

研究表明,职业使命感不仅有利于个体的职业生涯发展、幸福感提升、职业成功等,还有利于个体完成部分自我实现,并从中找寻自身的意义与价值,朝着人生理想不断迈进。但是,如果个体的职业使命感达到极高水平,很有可能对个体的生理资源和心理资源造成损失,如工作狂热造成身体健康状况下降、自我要求过高造成超出心理承受范围的精神压力。为预防以上情况发生,技能人才应当对自己的职业使命感进行调整,将其控制在合理范围内,发挥职业使命感的积极影响,实现其在个体职业生涯中的可持续发展。

(4)提升自我能力,推动创造力变现。

对技能人才来说,扎实的技术功底是职业的基本要求,技能人才应当在长期的专业训练和实践中不断提升自我的各方面能力。首先,想要在技能型工作中激发创造力,仅依靠灵光乍现是不可能的,还必须依靠长期的理论学习与实践积累,因此,技能人才可以在追求精益求精、尽善尽美的过程中,实现包括技术等级、自我学习能力、专注力等在内的各方面自我能力的提刁,并自然而然地进一步实现学习创造能力的提升。其次,仅仅提出创造性的想法并不能看作真正的创造成功,还需要将创造力进一步转化为创造成果,在这时,技能人才的自我能力就成为创造成果转化的必要条件。因此,技能人才应当充分发挥自己的主观能动性,在实践的过程中积极地探索进取,才有可能最终实现创新行为。

8.3　本书不足及展望

本书采用实证研究的方法,构建了我国新时代背景下技能人才职业使命感的内容结构模型,初步探讨并验证了新时代背景下技能人才职业使命感对创造力的积极影响及其内在作用机制,取得了一定的研究成果。值得注意的是,作为一个新兴的领域,职业使命感的研究还在不断丰富和发展,依然处于研究探索和理论构建阶段,结合中国本土情境的研究更是十分缺乏。因此,本书的结论还存在一定的局限性。

（1）采用横截面数据,缺乏对变量动态性的关注。本书涉及多个变量的检验,对因果关系的推断存在一定要求。本书通过问卷调查的方式,在同一个时间节点收集数据,属于横截面收集数据,这对变量之间的因果关系推断会有一定的影响。学者普遍认为职业使命感是一个动态变化的概念,在不同的职业阶段可能会有不同的职业使命感。因此,在未来的研究中,可以采用更加动态的数据收集方式,例如利用不同时间节点、不同的职业阶段进行数据收集,并且应该充分考虑自变量、中介变量、调节变量和因变量的数据的间隔时间。

（2）本书对于职业使命感这个概念,仅仅关注到的是笼统的职业使命感,并没有进一步区分职业使命感的状态。职业使命感有多种状态,比如怀有职业使命感和践行职业使命感,相比怀有职业使命感,践行职业使命感与积极结果变量的关系更紧密,它们分别是否也对创造力产生影响,如何产生影响,作用机制又是什么等。这也是未来研究的一个方向。

（3）目前用案例研究职业使命感的文献非常少，仅有少数案例对中国老科学家职业使命感的内涵及影响因素进行了研究。未来可以基于本书的框架和结论进行案例研究，对技能人才个体或团队进行持续性的追踪，从动态的视角考察职业生涯发展不同阶段技能人才的职业使命感是否会表现出不同的特征，以及在不同阶段对创造力产生的影响是否存在差异。此外，还可以进一步探讨技能人才职业使命感对企业绩效或创新绩效的影响，加强技能人才职业使命感应用场景研究，为新时代技能人才的发展和管理提供理论指导。

（4）职业使命感的结果变量不能仅停留在个体层面，应该是复杂、多层次的，未来需要强化对使命感的跨层次研究，比如从个体层面、团队层面、组织层面等全面剖析职业使命感的产生来源及影响因素。因为对心理所有权的研究发现，心理所有权可以分为个人心理所有权和集体心理所有权，它深受文化的影响和熏陶。在个人主义文化下，心理所有权主要集中在个人层面，而在集体主义文化下，心理所有权主要集中在集体层面。心理所有权作为技能人才职业使命感对创造力影响的中介变量，今后有必要从个人和组织方面开展跨层次研究。

总之，技能人才是新时代我国创新发展的重要力量来源，具有职业使命感的技能人才由于热爱自己的职业，往往会作出更多贡献。技能人才职业使命感及其效用研究既具有丰富的理论意义也具有巨大的实践价值，在职业使命感实践兴起的当下，学术界针对它的研究还比较滞后。深入探讨中国情境下技能人才职业使命感的结构及影响效用，不仅能够验证、补充、修正西方背景下的相关研究结果，更重要的是可得出本土化的研究结论，为职业使命感的研究贡献源自中国的新理论，为新时代我国技能人才职业使命感的培养贡献力量。

附录1 技能人才职业使命感访谈提纲

一、访谈开始

尊敬的先生/女士：

您好！首先非常感谢您在百忙之中能参与我们的访谈！我们本次访谈的主要目的是了解一线技能人才关于职业使命感的情况。希望通过这次调研,能为今后企业进一步提升一线技能人才的组织管理水平提供更合理有效的管理建议。本次访谈预计花费0.5h左右,在回答我们的提问前,您可以进行几分钟的思考,所有的答案没有对错之分,但您回答的真实性和客观性对研究至关重要。在访谈过程中,我们会对所有信息严格保密,内容仅用于科学研究。恳请大家告诉我们您的真实想法。

感谢您的支持！

二、导入性问题

基本信息

请简单介绍一下您的一些工作基本信息,谢谢！

1.您的年龄:

2.您的性别:

3.您的工龄:

4.您在目前单位的工作年限:

5.您的教育背景:□初中及以下　□高中或中专　□大专　□本科
　　　　　　　　□研究生及以上

6.您的职位类别:□初级工(五级)　□中级工(四级)　□高级工(三级)
　　　　　　　　□技师(二级)　　□高级技师(一级)

7.您的主要工作内容：

三、正式问题

Q1.请您描述一下，目前从事这项工作有什么特点？

Q2.是什么机会让您从事这项工作的？

Q3.从事的这项工作是不是您自己的自愿选择？还是其他人替您选择的？

Q4.您了解"职业使命感"吗？如果不知道，我给您一个解释，然后您从您的经历，如何定义职业使命感？它包含哪些维度？

Q5.您有没有从从事的这项工作中体会到"职业使命感"？如果有，是什么感受？如果没有，请解释原因。

Q6.您认为是什么因素影响了您的使命感？使命感会不会影响您的创造力？

Q7.您认为企业应该采取什么措施，来提高技能人才的使命感，从而有效激发个体创造力？

再次感谢您在百忙之中抽空接受我们的访谈！祝您工作顺利！万事如意！谢谢！

附录2 技能人才职业使命感对创造力的影响研究

尊敬的先生/女士,您好:

感谢您在工作之余能抽空填写本问卷,本问卷旨在研究职业使命感对创造力的影响,您的意见是本研究的重要来源。所有的答案没有对错之分,但调查结果的真实性和客观性对我们的研究非常重要。问卷所得信息采用匿名收集,我们会对您的答案严格保密,除研究者之外不会有其他人看到您的答案,研究者仅对数字进行分析,以供学术研究。再次感谢您对本次学术研究的配合与支持!

第一部分:基本信息

1.您的性别:□男　　　　　□女

2.您的年龄:□25岁以下　□26~35岁　　□36~45岁　　□45岁以上

3.您从事当前工作的年限:□0~1年　　　□2~3年

　　　　　　　　　　　　□4~10年　　□10年以上

4.您的教育背景:□初中及以下　□高中或中专　□大专　□本科

　　　　　　　　□研究生

5.您的技术等级:□初级工(五级)　□中级工(四级)　□高级工(三级)

　　　　　　　　□技师(二级)　　□高级技师(一级)

第二部分:问卷主体

请您根据个人在平时工作中的实际感受进行打分,在下表中符合的选项上打"√"。

(1-完全不符合;2-基本不符合;3-有点不符合;4-不确定;5-有点符合;

顺应新质生产力发展要求的技能人才创造力培养路径研究

序号	描述	完全不符合→完全符合						
1	在这份职业中,我强烈感觉到这就是我自己注定要去追求的职业	1	2	3	4	5	6	7
2	我感受到有一种无形的力量召唤着我从事目前的职业	1	2	3	4	5	6	7
3	我感觉自己注定从事现在这份职业	1	2	3	4	5	6	7
4	我从事的是有益于他人的职业	1	2	3	4	5	6	7
5	我的工作可以满足社会需要	1	2	3	4	5	6	7
6	我的职业虽然看似简单,但对社会有所贡献	1	2	3	4	5	6	7
7	在这份职业中,我感到自己非常投入	1	2	3	4	5	6	7
8	在工作中遇到困难,我愿意付出努力	1	2	3	4	5	6	7
9	我不会轻易地放弃自己的职业理想	1	2	3	4	5	6	7
10	对于工作细节,我始终力求完美	1	2	3	4	5	6	7
11	在工作过程中,我会不断思考如何更好地完成它	1	2	3	4	5	6	7
12	在这份职业中,我努力避免出现缺陷或者不足	1	2	3	4	5	6	7
13	在这份职业中,我为自己设定高于组织所要求的工作标准	1	2	3	4	5	6	7
14	我的人生价值很大程度上取决于自己从事的职业	1	2	3	4	5	6	7
15	在这份职业中,我并没有感受到枯燥乏味的体力劳动	1	2	3	4	5	6	7
16	在这份职业中,我寻找到了自己存在的意义	1	2	3	4	5	6	7
17	我的职业是体现我人生价值的一种方式	1	2	3	4	5	6	7
18	我有时能够提出新的方法来完成目标	1	2	3	4	5	6	7
19	我能够提出新颖且可行的方法来提升绩效表现	1	2	3	4	5	6	7
20	我能够找出提高工作效率的新方法	1	2	3	4	5	6	7
21	我经常能发现现有方法或设备的新用途	1	2	3	4	5	6	7
22	我经常能解决其他同事所遇到的难题	1	2	3	4	5	6	7
23	我经常能尝试新想法,解决问题	1	2	3	4	5	6	7

序号	描述	完全不符合→完全符合						
24	我在生活中的价值观与所在单位的价值观非常相似	1	2	3	4	5	6	7
25	我个人价值观与单位的价值观和文化是一致的	1	2	3	4	5	6	7
26	单位的价值观非常符合我在生活中看重的东西	1	2	3	4	5	6	7
27	单位提供的资源与我在工作中所追求的非常吻合	1	2	3	4	5	6	7
28	我现在的工作能够很好地满足我对工作品质的期待	1	2	3	4	5	6	7
29	我现在的工作几乎能够给予我渴望从工作中得到的一切	1	2	3	4	5	6	7
30	我的个人技能与工作要求非常匹配	1	2	3	4	5	6	7
31	我的专业能力与所受的职业培训与工作要求非常匹配	1	2	3	4	5	6	7
32	我的个人能力与所受教育与工作要求非常匹配	1	2	3	4	5	6	7
33	我感觉这个组织是我们大家的单位	1	2	3	4	5	6	7
34	我在这个组织中感觉到较高程度的个人归属感	1	2	3	4	5	6	7
35	我感觉到这就是我自己的单位	1	2	3	4	5	6	7
36	这是我们的单位	1	2	3	4	5	6	7
37	大多数为这个单位工作的人都感觉他们拥有这家企业	1	2	3	4	5	6	7
38	我很难把这个单位看成是我自己所有	1	2	3	4	5	6	7

问卷到此为止,感谢您的作答,祝您生活愉快,工作顺利!

附录2 技能人才职业使命感对创造力的影响研究

参考文献

[1] AL H H, WILLIAMS K A, MANSOOR H O. Examining the impact of ethical leadership and organizational justice on employees' ethical behavior: does person-organization fit play a role?[J]. Ethics & Behavior,2020,30(7):514-532.

[2] AMABILE T M, BARSADE S G, MUELLER J S, et al. Affect and creativity at work[J]. Administrative Science Quarterly,2005,50(3):367-403.

[3] ARGYRIS C. The individual and organization: some problems of mutual adjustment[J]. Administrative Science Quarterly,1957(2):1-24.

[4] AVEY J B, AVOLIO B J, CROSSLEY C R, et al. Psychological ownership: theoretical extensions, measurement, and relation to work outcomes [J]. Journal of Organizational Behavior,2009(30):173-191.

[5] AVEY J B,WERNSING T S,PALANSKI M E. Exploring the process of ethical leadership: the mediating role of employee voice and psychological ownership [J]. Journal of Business Ethics,2012(107):21-34.

[6] BANDURA A. Self-efficacy:the exercise of control[M]. New York:Freeman, 1997.

[7] BAER M, OLDHAM G R. The curvilinear relation between experienced creative time pressure and creativity: moderating effects of openness to experience and support for creativity [J]. Journal of Applied Psychology, 2006,91(4):963-970.

[8] BELLAH R N,SULLIVAN W M,et al. Habits of the heart:individualism and commitment in American life[M]. Berkeley:University of California Press, 2007.

[9] BELLAH R N,MADSEN R,SULLIVAN W M,et al. Habits of the heart[M]. New York:Harper & Row,1985.

[10] BERG J M, GRANT A M, JOHNSON V. When callings are calling: crafting work and leisure in pursuit of unanswered occupational callings [J]. Organization Science, 2010, 21(5): 973-994.

[11] BERNARD J, KOSTELECKÝ T, PATOČKOVÁ V. The innovative regions in the Czech Republic and their position in the international labour market of highly skilled workers[J]. Regional Studies, 2014, 48(10): 1691-1705.

[12] BLOOM M, COLBERT A E, NIELSEN J D. Stories of calling: how called professionals construct narrative identities [J]. Administrative Science Quarterly, 2021, 66(2): 298-338.

[13] BRETZ R D, JUDGE T A. Person - organization fit and the theory of work adjustment: implication for satisfaction, tenure, and career success [J]. Journal of Vocational Behavior, 1994(44): 32-54.

[14] BRIDGMAN P W. The logic of modern physics[M]. New York: The McMillan Company, 1927.

[15] BUNDERSON J S, THOMPSON J A. The call of the wild: zookeepers, callings, and the double - edged sword of deeply meaningful work [J]. Administrative Science Quarterly, 2009, 54(1): 32-57.

[16] CABLE D M, DERUE D S. The convergent and discriminant validity of subjective fit perception[J]. Journal of Applied Psychology, 2002, 87(5): 875-884.

[17] CABLE D M, JUDGE T A. Pay preferences and job search decisions: a person - organization fit perspective[J]. Personnel Psychology, 1994(47): 317-348.

[18] CABLE D M, JUDGE T A. Person - organization fit, job choice decisions, and organizational entry[J]. Organizational Behavior and Human Decision Processes, 1996, 67(3): 294-311.

[19] CAVAZOTTE C N, SOUZA F, DE OLIVEIRA P F. Too much of a good thing: the quadratic effect of shared leadership on creativity and absorptive

capacity in R&D teams[J]. European Journal of Innovation Management, 2021,24(2):395-413.

[20] CAPLAN R D. Person - environment fit theory and organizations: commensurate dimensions, time perspectives, and mechanisms[J]. Journal of Vocational Behavior,1987,31(3):248-267.

[21] CARDADOR M T, CAZA B B. Relational and identity perspectives on healthy versus unhealthy pursuit of callings[J]. Journal of Career Assessment,2012,20(3):338-353.

[22] CARDADOR M T, DANE E, PRATT M G. Linking calling orientations to organizational attachment via organizational instrumentality[J]. Journal of Vocational Behavior,2011(79):367-378.

[23] CHATMAN J. Improving interactional organizational research: a model of person-organization fit[J]. Academy of Management Review,1989(14): 333-349.

[24] CHEN T, DODDS S, FINSTERWALDER J. Dynamics of wellbeing co - creation: a psychological ownership perspective [J]. Journal of Service Management,2021,32(3):383-406.

[25] CHEN X, LIU M, LIU C J. Job satisfaction and hospital performance rated by physicians in China: a moderated mediation analysis on the role of income and person - organization fit [J]. International Journal of Environmental Research and Public Health,2020,17(16):5846.

[26] CHOI W, KIM S L, YUN S. A social exchange perspective of abusive supervision and knowledge sharing: investigating the moderating effects of psychological contract fulfillment and self-enhancement motive[J]. Journal of Business and Psychology,2018,34(3):305-319.

[27] DAWKINS S, TIAN A W, NEWMAN A. Psychological ownership: a review and research agenda[J]. Journal of Organizational Behavior,2017,38(2): 163-183.

[28] DEMEROUTI E,BAKKER A B,NACHREINER F,et al. The job demands - resources model of burnout[J]. Journal of Applied Psychology, 2001, 86 (3):499-512.

[29] DIK B,DUFFY R. Calling and vocation at work:definitions and prospects for research and practice[J]. The Counseling Psychologist,2009(37):424-450.

[30] DIK B J,ELDRIDGE B M,STEGER M F,et al. Development and validation of the calling and vocation questionnaire (CVQ) and brief calling scale (BCS)[J]. Journal of Career Assessment,2012,20(3):242-263.

[31] DITTMAR H. The social psychology of material possessions:to have is to be [M]. New York:St. Martin's Press,1992.

[32] DOBROW S R. Dynamics of calling:a longitudinal study of musicians[J]. Journal of Organizational Behavior,2013(34):431-452.

[33] DOBROW S R, TOSTI - KHARAS J. Calling:the development of a scale measure[J]. Personnel Psychology,2011,64(4):1001-1049.

[34] DOBROW S R, TOSTI - KHARAS J. Listen to your heart? Calling and receptivity to career advice[J]. Journal of Career Assessment,2012,20(3): 264-280.

[35] DUAN W J,TANG X Q,LI Y M,et al. Perceived organizational support and employee creativity: the mediation role of calling[J]. Creativity Research Journal,2020,32(4):403-411.

[36] DUFFY R D,BOTT E M, ALLAN B A,et al. Perceiving a calling,living a calling, and job satisfaction:testing a moderated,multiple mediator model [J]. Journal of Counseling Psychology,2012,59(1):50-59.

[37] DUFFY R D, ALLAN B A,BOTT E M. Calling and life satisfaction among undergraduate students:investigating mediators and moderators[J]. Journal of Happiness Studies,2012,13(3):469-479.

[38] DUFFY R D, AUTIN K L, ALLAN B A,et al. Assessing work as a calling: an evaluation of instruments and practice recommendations[J]. Journal of

Career Assessment, 2015, 23(3):351-366.

[39] DUFFY R D, DIK B J. Research on calling: what have we learned and where are we going? [J]. Journal of Vocational Behavior, 2013(83): 428-436.

[40] DUFFY R D, MANUEL R S, BORGES N J, et al. Calling, vocational development, and well-being: a longitudinal study of medical students[J]. Journal of Vocational Behavior, 2011(79):361-366.

[41] DUFFY R D, SEDLACEK W E. The presence of and search for a calling: connections to career development[J]. Journal of Vocational Behavior, 2007 (70):590-601.

[42] DUFFY R D, SEDLACEK W E. The salience of a career calling among college students: exploring group differences and links to religiousness, life meaning, and life satisfaction[J]. The Career Development Quarterly, 2010 (59):27-40.

[43] DUFFY R D, ALLAN B A, AUTIN K L, et al. Calling and life satisfaction: it's not about having it, it's about living it[J]. Journal of Counseling Psychology, 2013, 60(1):42-52.

[44] DUFFY R D, BOTT E M, ALLAN B A, et al. Perceiving a calling, living a calling, and job satisfaction: testing a moderated, multiple mediator model [J]. Journal of Counseling Psychology, 2012, 59(1):50-59.

[45] DUFFY R D, DIK B J, STEGER M F. Calling and work-related outcomes: career commitment as a mediator[J]. Journal of Vocational Behavior, 2011 (78):210-218.

[46] DUFFY R D, ENGLAND J W, DOUGLASS R P, et al. Perceiving a calling and well-being: Motivation and access to opportunity as moderators [J]. Journal of Vocational Behavior, 2017(98):127-137.

[47] DUFFY R D, DIK B J, DOUGLASS R P, et al. Work as a calling: a theoretical model[J]. Journal of Counseling Psychology, 2018, 65(4):423-439.

[48] EDWARDS J R. Person-job fit: a conceptual integration, literature review, and methodological critique [J]. International Review of Industrial and Organizational Psychology, 1991(6): 283-357.

[49] ELANGOVAN A R, PINDER C C, MCLEAN M. Callings and organizational behavior[J]. Journal of Vocational Behavior, 2010(76): 428 -440.

[50] ETZIONI A. The socio-economics of property [J]. Journal of Social Behavior and Personality, 1991, 6(6): 465-468.

[51] FLORIDA R. The rise of the creative class and how it's transforming work, leisure, community and everyday life[M]. New York: Basic Books, 2002.

[52] GAZICA M W, SPECTOR P E. A comparison of individuals with unanswered callings to those with no calling at all[J]. Journal of Vocational Behavior, 2015(91): 1-10.

[53] GAZICA M W. Unanswered occupational calling: the development and validation of a new measure[D]. Tampa: University of South Florida, 2014.

[54] GEORGE J M, ZHOU J. When openness to experience and conscientious-ness are related to creative behavior: an interactional approach[J]. Journal of Applied Psychology, 2001, 86(3): 513-524.

[55] GUO Y, GUAN Y J, YANG X H, et al. Career adaptability, calling and the professional competence of social work students in China: a career construc-tion perspective[J]. Journal of Vocational Behavior, 2014(85): 394-402.

[56] HACKMAN J R, OLDHAM G R. Development of the job diagnostic survey [J]. Journal of Applied Psychology, 1975, 60(2): 159-170.

[57] HAGMAIER T, ABELE A E. When reality meets ideal: investigating the relation between calling and life satisfaction[J]. Journal of career Assessment, 2015, 23(3): 367-382.

[58] HAGMAIER T, ABELE A E. The multidimensionality of calling: Conceptualization, measurement and a bicultural perspective[J]. Journal of

Vocational Behavior,2012,81(1):39-51.

[59] HALBESLEBEN J R B,NEVEU J P,PAUSTIAN-UNDERDAHL S C,et al. Getting to the "COR": understanding the role of resources in conservation of resources theory[J]. Journal of Management,2014,40(5):1334-1364.

[60] HALL M E L, WILLINGHAM M M, OATES K L M, et al. Calling and conflict: the sanctification of work in working mothers [J]. Psychology of Religion and Spirituality,2012,4(1):71-83.

[61] HALL D T, CHANDLER D E. Psychological success: when the career is a calling[J]. Journal of Organizational Behavior,2005(26):155-176.

[62] HARZER C,RUCH W. When the job is a calling: the role of applying one's signature strengths at work[J]. Journal of Positive Psychology,2012,7(5): 362-371.

[63] HERKES J, CHURRUCA K, ELLIS L A. How people fit in at work: systematic review of the association between person-organization and person-group fit with staff outcomes in healthcare [J]. BMJ Open, 2019, 9(5): e026266.

[64] HIRSCHI A. Callings in career: a typological approach to essential and optional components[J]. Journal of Vocational Behavior,2011(79):60-73.

[65] HOBFOLL S. Conservation of resources[J]. American Psychologist, 1989, 44(3):513-524.

[66] HOBFOLL S E. Conservation of resource caravans and engaged settings[J]. Journal of Occupational and Organizational Psychology,2011,84(1):116-122.

[67] HOBFOLL S E, HALBESLEBEN J, NEVEU J P, et al. Conservation of resources in the organizational context: the reality of resources and their consequences [J]. Annual Review of Organizational Psychology and Organizational Behavior,2018(5):1-26.

[68] HOBFOLL S E,SHIROM A. Conservation of resources theory: applications to stress and management in the workplace[J]. Public Policy & Administra-

tion, 2001(87):57-80.

[69] HOFFMAN B J, WOEHR D J. A quantitative review of the relationship between person - organization fit and behavioral outcomes [J]. Journal of Vocational Behavior, 2006, 68(3):389-399.

[70] HOLLAND J L. Making vocational choices: a theory of vocational personalities and work environments [M]. 3rd ed. Odessa: Psychological Assessment Resources, 1997.

[71] HULSHEGER U R, ANDERSON N, SALGADO J F. Team-level predictors of innovation at work: a comprehensive meta - analysis spanning three decades of research [J]. Journal of Applied Psychology, 2009, 94(5):1128-1145.

[72] HUNTER I, DIK B J, BANNING J H. College students' perceptions of calling in work and life: a qualitative analysis [J]. Journal of Vocational Behavior, 2010(76):178-186.

[73] JAMES W. The principles of psychology [M]. New York: Holt, 1890.

[74] JAMI A, KOUCHAKI M, GINO F. I own, so I help out: how psychological ownership increases prosocial behavior [J]. Journal of Consumer Research, 2021, 47(5):698-715.

[75] JOHN D, YOON M D, JIWON H, et al. Religion, sense of calling, and the practice of medicine: findings from a national survey of primary care physicians and psychiatrists [J]. Southern Medical Journal, 2015, 108(3):189-195.

[76] JUSSILA I, TARKIAINEN A, SARSTEDT M, et al. Individual psychological ownership: concepts, evidence, and implications for research in marketing [J]. Journal of Marketing Theory and Practice, 2015(23):121-139.

[77] KAMINSKY S E, BEHREND T S. Career choice and calling: integrating calling and social cognitive career theory [J]. Journal of Career Assessment, 2015, 23(3):383-398.

[78] KIM T Y, LIN X, KIM S P. Person - organization fit and friendship from

coworkers: effects on feeling self-verified and employee outcomes [J]. Group & Organization Management,2019,44(4):777-806.

[79] KNAPP J R,SMITH B R,SPRINKLE T A. Clarifying the relational ties of organizational belonging: understanding the roles of perceived insider status, psychological ownership, and organizational identification [J]. Journal of Leadership & Organizational Studies,2014(21):273-285.

[80] KOHN N W,PAULUS P B,CHOI Y H. Building on the ideas of others: an examination of the idea combination process [J]. Journal of Experimental Social Psychology,2011,47(3):554-561.

[81] KRISTOF A L. Person-organization fit: an integrative review of its conceptualizations,measurement,and implications[J]. Personnel Psychology, 1996,49(1):1-49.

[82] LAUVER K J,KRISTOF A L. Distinguishing between employee's perceptions of person-job and person-organization fit[J]. Journal of Vocational Behavior,2001(59):454-470.

[83] LEWIN K. Field theory in social science[M]. New York: Harper & Row, 1951.

[84] LIU J,WANG H,HUI C,et al. Psychological ownership: how having control matters[J]. Journal of Management Studies,2012(49):869-895.

[85] LIU Y,QU Z,MENG Z. Environmentally responsible behavior of residents in tourist destinations: the mediating role of psychological ownership [J]. Journal of Sustainable Tourism,2021(4):1-17.

[86] LONGMAN K A,DAHLVIG J,WIKKERINK R J,et al. Conceptualization of calling: a grounded theory exploration of CCCU women leaders [J]. Christian Higher Education,2011,10(3-4):254-275.

[87] LYSOVA E I,DIK B J,DUFFY R D,et al. Calling and careers: new insights and future directions[J]. Journal of Vocational Behavior,2019(114):1-6.

[88] MARKOW F,KLENKE K. The effect of personal meaning and calling on

organization: an empirical investigation of spiritual leadership [J]. The International Journal of Organizational Analysis, 2005, 13(1):8-27.

[89] MARTÍNEZ-SÁNCHEZ A, VELA-JIMÉNEZ M J, PÉREZ-PÉREZ M, et al. The dynamics of labour flexibility: relationships between employment type and innovativeness[J]. Journal of Management Studies, 2011, 48(4):715-736.

[90] MAUNO S, KINNUNEN U, RUOKOLAINEN M. Job demands and resources as antecedents of work engagement: a longitudinal study [J]. Journal of Vocational Behavior, 2007, 70(1):149-171.

[91] MILLER J M, YOUNGS P. Person-organization fit and first-year teacher retention in the United States[J]. Teaching and Teacher Education, 2021 (97):103226.

[92] MOREWEDGE C K. Psychological ownership: implicit and explicit [J]. Current Opinion in Psychology, 2021, 39(6):125-132.

[93] MUCHINSKY P M, MONAHAN C J. What is person-environment congruence? Supplementary versus complementary models of fit[J]. Journal of Vocational Behavior, 1987, 31(3):268-277.

[94] MUMFORD M D, GUSTAFSON S B. Creativity syndrome: integration, application, and innovation[J]. Psychological Bulletin, 1988, 103(1): 27-43.

[95] NAZ S, LI C, NISAR Q A. A study in the relationship between supportive work environment and employee retention: role of organizational commitment and person-organization fit as mediators[J]. Sage Open, 2020, 10(2): 2158244020924694.

[96] NIJS T, MARTINOVIC B, VERKUYTEN M. "This country is ours": the exclusionary potential of collective psychological ownership[J]. British Journal of Social Psychology, 2021, 60(1):171-195.

[97] NIKOLAS F, WURYANINGRAT P K, GREISSENDOUW B L. The role of person-job fit and person-organization fit on the development of innovation

capabilities at Indonesia creative industry [J]. International Journal of Engineering and Advanced Technology, 2019, 8(5C): 80-85.

[98] OO E Y, JUNG H, PARK I J. Psychological factors linking perceived CSR to OCB: the role of organizational pride, collectivism, and person-organization fit[J]. Sustainability, 2018, 10(7): 2481.

[99] O'REILLY C A, CHATMAN J. Organization commitment and psychological attachment: the effects of compliance, identification, and internalization on prosocial behavior[J]. Journal of Applied Psychology, 1986(71): 492-499.

[100] PARK C H, SONG J H, YOON S W, et al. A missing link: psychological ownership as a mediator between transformational leadership and organizational citizenship behavior [J]. Human Resource Development International, 2013, 16(5): 558-574.

[101] PECK J, KIRK C P, LUANGRATH A W. Caring for the commons: using psychological ownership to enhance stewardship behavior for public goods [J]. Journal of Marketing, 2021, 85(2): 33-49.

[102] PETERSON U, DEMEROUTI E, BERGSTRÖM G, et al. Burnout and physical and mental health among Swedish healthcare workers[J]. Journal of Advanced Nursing, 2008(62): 84-95.

[103] PIASENTIN K A, CHAPMAN D S. Subjective person-organization fit: bridging the gap between conceptualization and measurement[J]. Journal of Vocational Behavior, 2006, 69(2): 202-221.

[104] PIERCE J L, KOSTOVA T, DIRKS K T. Toward a theory of psychological ownership in organizations[J]. Academy of Management Review, 2001, 26(2): 298-310.

[105] PIERCE J L, KOSTOVA T, DIRKS K T. The state of psychological ownership: integrating and extending a century of research [J]. Review of General Psychology, 2003, 7(1): 84-107.

[106] PIERCE J L, JUSSILA I, CUMMINGS A. Psychological ownership within

the job design context: revision of the job characteristics model [J]. Journal of Organizational Behavior, 2009, 30(4):477-496.

[107] PIERCE J L, JUSSILA I. Collective psychological ownership within the work and organizational context: construct introduction and elaboration [J]. Journal of Organizational Behavior, 2010, 31(6):810-834.

[108] PIERCE J L, JUSSILA I. Psychological ownership and the organizational context: theory, research evidence, and application [M]. Cheltenham: Edward Elgar Publishing, 2011.

[109] PIERCE J L, JUSSILA I, LI D. Development and validation of an instrument for assessing collective psychological ownership in organizational field settings[J]. Journal of Management & Organization, 2017(1):1-17.

[110] PIERCE J L, O'DRISCOLL M P, COGHLAN A M. Work environment structure and psychological ownership: the mediating effects of control[J]. The Journal of Social Psychology, 2004, 144(5):507-534.

[111] PIERCE J L, RUBENFELD S A, MORGAN S. Employee ownership: a conceptual model of process and effects [J]. Academy of Management Review, 1991, 16(1):121-144.

[112] PIERCE J L, VAN D L, CUMMINGS L L. Psychological ownership: a construct validation study[C]//SCHNAKE M. Proceedings of the Southern Management Association. Valdosta: Valdosta State University, 1992:203-211.

[113] PORTER C M, KEITH M G, WOO S E. A meta-analysis of network positions and creative performance: differentiating creativity conceptualizations and measurement approaches[J]. Psychology of Aesthetics, Creativity, and the Arts, 2020, 14(1):50-67.

[114] PRASKOVA A, HOOD M, CREED P A. Testing a calling model of psychological career success in Australian young adults: a longitudinal study[J]. Journal of Vocational Behavior, 2014(85):125-135.

[115] PRATT M G, ASHFORTH B E. Fostering meaningfulness in working and

at work [C]//CAMERON K S, DUTTON J E, QUINN R E. Positive organizational scholarship. San Francisco: Berrett - Koehler Publishers, 2003:309-327.

[116] PRESTON S D,GELMAN S A. This land is my land:psychological ownership increases willingness to protect the natural world more than legal owner-ship[J]. Journal of Environmental Psychology,2020(70):101443.

[117] RAJA U, JOHNS G. The joint effects of personality and job scope on in-role performance, citizenship behaviors, and creativity[J]. Human Rela-tions,2010,63(7):981-1005.

[118] SCHABRAM K, MAITLIS S. Negotiating the challenges of a calling: emotion and enacted sensemaking in animal shelter work[J]. Academy of Management Journal,2017,60(2):584-609.

[119] SCHNEIDER B. The people make the place[J]. Personnel Psychology, 1987(40):437-453.

[120] SCHNEIDER B, GOLDSTEIN H W. The ASA framework: an update[J]. Personnel Psychology,1995(48):747-773.

[121] SEKIGUCHI T. Person - organization fit and person - job fit in employee selection: a review of the literature[J]. Osaka Keidai Ronshu, 2004, 54 (6):179-196.

[122] SIEGER P,ZELLWEGER T,AQUINO K. Turning agents into psychological principals: aligning interests of non-owners through psychological owner-ship[J]. Journal of Management Studies,2013,50(3):361-388.

[123] SNYDER H T,HAMMOND J A,GROHMAN M G. Creativity measurement in undergraduate students from 1984 - 2013: a systematic review [J]. Psychology of Aesthetics,Creativity,and the Arts,2019,13(2):133-143.

[124] STEGER M F, PICKERING N K, SHIN J Y, et al. Calling in work: secular or sacred?[J]. Journal of Career Assessment,2010(18):82-96.

[125] SU X, LIANG K, WONG V. The impact of psychosocial resources

incorporated with collective psychological ownership on work burnout of social workers in China[J]. Journal of Social Service Research,2020,47(3):388-401.

[126] TANG Y, SHAO Y F, CHEN Y J. How to keep sustainable development between enterprises and employees? Evaluating the impact of person - organization fit and person-job fit on innovative behavior[J]. Frontiers in Psychology,2021(12):653534.

[127] TREADGOLD R. Transcendent vocations: their relationship to stress, depression, and clarity of self - concept [J]. Journal of Humanistic Psychology,1999,39(1):81-105.

[128] VAN DYNE L, PIERCE J L. Psychological ownership and feelings of possession: three field studies predicting employee attitudes and organizational citizenship behavior[J]. Journal of Organizational Behavior, 2004,25(4):439-459.

[129] VANCOUVER J B,SCHMITT N W. An exploratory examination of person-organization Fit: organization goal congruence[J]. Personnel Psychology, 1991(44):333-352.

[130] VERQUER M L, BEEHR T A, WAGNER S H. A meta - analysis of the relations between person-organization fit and work attitudes[J]. Journal of Vocational Behavior,2003(63):473-489.

[131] WARREN D E. Constructive and destructive deviance in organizations [J]. Academy of Management Review,2003,28(4):622-632.

[132] WINTER D G, JOHN O P, STEWART A J, et al. Traits and motives: toward an integration of two traditions in personality research [J]. Psychological Review,1998,105(2):230-250.

[133] WRZESNIEWSKI A. Finding positive meaning in work [C]//CAMERON K S, DUTTON J E, QUINN R E. Positive organizational scholarship: foundations of a new discipline. San Francisco:Berrett-Koehler Publishers, 2003:296-308.

[134] WRZESNIEWSKI A, MCCAULEY C, ROZIN P, et al. Jobs, careers, and callings: people's relations to their work [J]. Journal of Research in Personality, 1997, 31(1): 21-33.

[135] WRZESNIEWSKI A. Callings[M]//CAMERON K, SPREITZER G. Handbook of positive organizational scholarship. Oxford: Oxford University Press, 2012.

[136] XIE B, XIA M, XIN X, et al. Linking calling to work engagement and subjective career success: the perspective of career construction theory [J]. Journal of Vocational Behavior, 2016(94): 70-78.

[137] YOUNGS P, POGODZINSKI B, GROGAN E. Person-organization fit and research on instruction[J]. Educational Researcher, 2015, 44(1): 37-45.

[138] ZHANG M, WANG F, LI N. The effect of perceived overqualification on creative performance: person-organization fit perspective[J]. Frontiers in Psychology, 2021(12): 582367.

[139] 蔡翔, 郭冠妍, 张光萍. 国外关于人-组织匹配理论的研究综述[J]. 工业技术经济, 2007(9): 142-145.

[140] 查欢欢. 中小学教师主动性人格、职业使命感与幸福感的关系研究[D]. 西安: 陕西师范大学, 2017.

[141] 陈浩, 惠青山. 社会交换视角下的员工创新工作行为——心理理所有权的中介作用[J]. 当代财经, 2012(6): 69-79.

[142] 陈鸿飞, 谢宝国, 郭钟泽, 等. 职业使命感与免费师范生学业投入的关系: 基于社会认知职业理论的视角[J]. 心理科学, 2016, 39(3): 659-665.

[143] 陈唤春, 张静, 涂画. 创造力如何测评?——基于创造力脑机制测评技术的视角[J]. 现代教育技术, 2021, 31(5): 18-27.

[144] 陈玮奕, 刘新梅, 张新星. 关系冲突认知差异有助于团队创造力——一个被调节的中介作用模型[J]. 科学学与科学技术管理, 2019, 40(6): 125-139.

[145] 陈逸雨. 职业使命感对工作投入影响研究[D]. 昆明: 云南财经大学,

2016.

[146]程超,宋瑰琦,程恩荷.职业使命感与职业延迟满足在主动性人格和护士自我职业生涯规划间的链式中介效应分析[J].护理学报,2019,26(4):37-42.

[147]程婧楠,刘毅,梁三才.大学生生涯适应力与职业探索:职业使命感和职业决策自我效能感的中介作用[J].中国健康心理学杂志,2017,25(2):237-240.

[148]崔明洁.职业使命感的双刃剑作用——每日工作时间和积极情绪的双重中介效应[D].上海:华东师范大学,2018.

[149]戴万亮,苏琳,杨皎平.心理所有权、知识分享与团队成员创新行为——同事间信任的跨层次调节作用[J].科研管理,2020,41(12):246-256.

[150]邓欣雨,陈谢平.基层民警的职业使命感与工作倦怠的关系:心理脱离的调节作用[J].中国健康心理学杂志,2019,27(9):1394-1399.

[151]段锦云,杨静,朱月龙.资源保存理论:内容、理论比较及研究展望[J].心理研究,2020,13(1):49-57.

[152]范世根.授权型领导对知识隐藏行为的影响机制研究[D].重庆:西南大学,2020.

[153]耿燕各.职场地位视角下技能人才的能力-声望匹配对创造力的影响研究[D].北京:北京交通大学,2021.

[154]顾江洪,江新会,丁世青,等.职业使命感驱动的工作投入:对工作与个人资源效应的超越和强化[J].南开管理评论,2018,21(2):107-120.

[155]郭丹,姚先国,杨若邻,等.高技能人才创新素质:内容及结构[J].科学学研究,2017,35(7):1112-1120.

[156]吕林义,康宛竹,张吉昌,等.挑战性压力源对员工主动行为的影响——职业使命感与授权型领导的作用[J].科技与经济,2019,32(1):66-70.

[157]郝凤鑫.任务互依性对研发团队创新绩效影响研究[D].济南:山东财

经大学,2015.

[158] 何丽.民营制造业企业技能人才离职倾向调查研究[J].科研管理,
2017,38(S1):365-372.

[159] 侯如靖,韩晟昊,张初兵.心理所有权对在线品牌社区社会惰化的影
响—— 一个有调节的中介模型[J].商业研究,2021(2):1-11.

[160] 胡文安,罗瑾琏.双元领导如何激发新员工创新行为?一项中国情境
下基于认知-情感复合视角的模型构建[J].科学学与科学技术管理,
2020,41(1):99-113.

[161] 黄丽,丁世青,谢立新,等.组织支持对职业使命感影响的实证研究[J].
管理科学,2019,185(5):51-62.

[162] 黄列宾,扬玲,黄东军.人、组织、环境:企业技术创新的三位一体机制
[J].价值工程,2001(3):24-26.

[163] 霍炜玉.员工职业使命感对其工作狂热的影响:基于大五人格的调节
效应研究[D].昆明:云南财经大学,2020.

[164] 贾文文,王忠军.中国老科学家职业使命感的内涵及影响因素的案例
研究[J].科技管理研究,2018,38(4):130-139.

[165] 贾晓燕.人-组织匹配的研究进展[C]//中国心理学会.第十届全国
心理学学术大会论文摘要集[C].[出版者不详]:[出版地不详],2005:
443-444.

[166] 姜诗尧,郝金磊,李方圆.资源保存理论视角下领导-成员交换对员工
创新行为的影响[J].首都经济贸易大学学报,2019,21(6):92-99.

[167] 蒋东梅.西南地区高新技术企业组织创新支持感对员工创新行为的影
响研究——以人-组织匹配为调节变量[D].湘潭:湘潭大学,2017.

[168] 蒋珠慧.消防人员的信任对工作投入的关系研究:职业使命感的调节
作用[D].昆明:云南财经大学,2018.

[169] 金杨华,王重鸣.人与组织匹配研究进展及其意义[J].人类工效学,
2001(2):36-39.

[170] 孔宪香.技能型人才是我国制造业发展的核心要素[J].郑州航空工业

管理学院学报,2008,26(1):72-75.

[171] 寇燕,高敏,诸彦含,等.顾客心理所有权研究综述与展望[J].外国经济与管理,2018,40(2):105-122.

[172] 郎群秀.高技能人才内涵解析[J].职业技术教育,2006,27(22):18-20.

[173] 李伟.制造强国建设背景下的工匠精神研究[D].新乡:河南师范大学,2017.

[174] 李昱.技能型人才紧缺问题对策[J].求索,2007(3):63-65.

[175] 廖传景,胡瑜,张进辅.中小学教师职业使命感与职业承诺的相关调查研究[J].教育导刊,2014(10):30-33.

[176] 廖传景,毛华配,杜红芹,等.中小学教师职业使命感的结构与测量[J].西南大学学报(自然科学版),2014,36(3):160-166.

[177] 刘程军,蒋天颖,华明浩.智力资本与企业创新关系的Meta分析[J].科研管理,2015,36(1):72-80.

[178] 刘建新,李东进,李杰.价值共创产品依附效应的比较研究——基于心理所有权与心理流体验中介模型[J].管理评论,2018,30(7):114-125.

[179] 刘建新,李东进,李研.新产品脱销对消费者加价支付意愿的影响——基于心理所有权与相对剥夺感双中介模型[J].管理评论,2020,32(2):184-196.

[180] 刘军.管理研究方法原理与应用[M].北京:中国人民大学出版社,2008.

[181] 刘恺.员工职业资源与职业使命感、主观职业成功的关系研究[D].南京:南京师范大学,2019.

[182] 刘露,郭海.规范性创新期望如何影响员工创新?一个基于"我想""我能"的中介效应研究[J].中国人力资源开发,2017,7(373):74-85.

[183] 刘丽丹,王忠军.职业使命感如何促进大学教师职业成功:工作努力与目标承诺的链式中介作用[J].心理研究,2021,14(1):59-68.

[184] 刘瑞琴.职业使命感影响企业员工创新行为的机制研究[D].郑州:郑州航空工业管理学院,2019.

[185] 陆小雨,王端旭.人与组织匹配研究进展[J].技术经济与管理研究, 2006(2):25-26.

[186] 马丽,马可逸.工作连通行为与工作-家庭增益的倒U型关系——基于资源保存理论视角[J].软科学,2021,35(2):96-101.

[187] 马原.幼儿教师的职业使命感、心理资本及其对职业成功的影响[D].淮北:淮北师范大学,2017.

[188] 缪自光,付继娟.人与组织匹配的测量方法与手段[J].武汉职业技术学院学报,2005(3):25-27,57.

[189] 裴宇晶,赵曙明.知识型员工职业召唤、职业承诺与工作态度关系研究[J].管理科学,2015,28(2):103-114.

[190] 秦绪宝.职业使命感与员工创新绩效的关系:双重调节的中介模型[D].重庆:西南大学,2018.

[191] 商开慧.职业使命感对组织公民行为影响的实证研究[D].昆明:云南财经大学,2016.

[192] 沈黎文,朱晓燕,杜佩红,等.急诊科护士职业使命感和心理资本对职业倦怠的影响[J].职业与健康,2021,37(9):1175-1179.

[193] 沈雪萍,顾雪英.大学生主动性人格与职业决策困难的关系:职业自我效能和职业使命感的中介作用[J].心理学探新,2018,38(6):546-550,556.

[194] 沈雪萍,胡湜.大学生主动性人格与求职清晰度的关系:职业使命感的中介与调节作用[J].中国临床心理学杂志,2015,23(1):166-170.

[195] 谌新民,潘彬.产业升级与高技能人才供给结构性失衡的影响因素研究——以广东省珠江三角洲地区为例[J].华南师范大学学报(社会科学版),2009(6):84-91.

[196] 宋晓辉,施建农.创造力测量手段——同感评估技术(CAT)简介[J].心理科学进展,2005(6):37-42.

[197] 孙健敏,王震.人-组织匹配研究述评:范畴、测量及应用[J].首都经济贸易大学学报,2009,11(3):16-22.

[198] 孙娜,姜桂春,雍秀伟,等.肿瘤科护士职业使命感、工作负荷与工作满意度之间关系研究[J].解放军预防医学杂志,2019,224(11):178-180.

[199] 覃正虹.国内心理所有权研究综述[J].现代商业,2019(31):100-102.

[200] 童静.职业召唤的内容结构研究和相关变量关系研究[D].广州:暨南大学,2014.

[201] 王美健.小微企业员工的职业使命感对其情绪耗竭影响的实证研究——以工作繁荣为中介变量[D].太原:山西大学,2019.

[202] 王萍.人与组织匹配的理论与方法的研究[D].武汉:武汉理工大学,2007.

[203] 王艳子,温晓波.心理所有权"消极面"影响研究综述与展望[J].现代管理科学,2018(12):60-62.

[204] 王盈.护理管理者职业使命感、包容性领导、工作投入与其创新行为的关系研究[D].合肥:安徽医科大学,2018.

[205] 王颖,张玮楠.公立医院医生的职业使命感对工作投入度的影响研究[J].科研管理,2020,292(2):233-241.

[206] 王忠军,贾文文.科研人员职业成功影响因素:基于学术大家的回溯性案例研究[J].科技进步与对策,2016,33(6):128-134.

[207] 卫利华,刘智强,廖书迪,等.集体心理所有权、地位晋升标准与团队创造力[J].心理学报,2019,51(6):677-687.

[208] 奚玉芹,戴昌钧,徐波.人-组织匹配研究方法综述[J].科技管理研究,2009,29(10):438-442,429.

[209] 奚玉芹,戴昌钧.人-组织匹配研究综述[J].经济管理,2009,31(8):180-186.

[210] 习怡衡.平和心态对职业使命感影响工作投入的中介机制研究[D].昆明:云南财经大学,2016.

[211] 谢宝国,辛迅,周文霞.工作使命感:一个正在复苏的研究课题[J].心理科学进展,2016,24(5):783-793.

[212] 谢宝国,郭永兴,夏德.上级工作投入是如何传递给下属的? 一个涓滴

模型的检验[J].管理评论,2018,30(11):141-151.

[213] 谢春蕾.工作要求对工作倦怠的影响:工作资源、职业使命感对其调节作用的实证研究[D].昆明:云南财经大学,2017.

[214] 徐雪芬,辛涛.创造力测量的研究取向和新进展[J].清华大学教育研究,2013,34(1):54-63.

[215] 徐悦.人-组织匹配对员工创新行为影响机制研究[D].无锡:江南大学,2014.

[216] 阎亮,张治河.组织创新氛围对员工创新行为的混合影响机制[J].科研管理,2017,38(9):97-105.

[217] 杨洁.东台市技能人才政策问题研究[D].北京:中国矿业大学,2021.

[218] 杨英.人-组织匹配、心理授权与员工创新行为关系研究[D].长春:吉林大学,2011.

[219] 杨哲.人-组织匹配对员工创新行为影响机制及权变因素研究[D].长春:吉林大学,2016.

[220] 杨征.中国情境下技能人才职场地位及其对创造力的影响研究[D].北京:北京交通大学,2020.

[221] 姚军梅.职业使命感、工作投入对职业成功的影响机制研究[D].长春:吉林大学,2017.

[222] 姚柱,张显春,熊正德.TMT工作使命感、双元创新与企业创新绩效[J].科技进步与对策,2020,37(5):87-94.

[223] 叶宝娟,郑清,陈昂,等.职业使命感对大学生求职行为的影响:求职效能感的中介作用及情绪调节的调节作用[J].中国临床心理学杂志,2016,24(5):939-942.

[224] 叶宝娟,郑清,董圣鸿,等.职业使命感对大学生可就业能力的影响:求职清晰度与求职效能感的中介作用[J].心理发展与教育,2017,33(1):37-44.

[225] 叶泽川.人-组织匹配研究述评[J].重庆大学学报(社会科学版),1999(S1):111-113.

[226] 余珊珊,刘洁.新冠肺炎疫情下护士工作投入与职业使命感及共情能力的相关性[J].贵州中医药大学学报,2020,42(3):63-66,97.

[227] 袁凌,李静,李健.差序式领导对员工创新行为的影响——领导创新期望的调节作用[J].科技进步与对策,2016,33(10):110-115.

[228] 张蓓.师范生情绪能力与生活满意度:心理弹性和职业使命感的并行中介作用[D].西安:陕西师范大学,2019.

[229] 张春雨,韦嘉,张进辅,等.师范生职业使命感与学业满意度及生活满意度的关系:人生意义感的作用[J].心理发展与教育,2013,29(1):101-108.

[230] 张春雨,韦嘉,张进辅.Calling与使命:中西文化中的心理学界定与发展[J].华东师范大学学报(教育科学版),2012,30(3):72-77.

[231] 张春雨.职业使命感:结构、测量及其与幸福的联系[D].重庆:西南大学,2015.

[232] 张兰霞,张靓婷,朱坦.领导-员工认知风格匹配对员工创造力与创新绩效的影响[J].南开管理评论,2019,22(2):165-175.

[233] 张利川.J公司技能人才培训项目质量控制研究[D].成都:西南交通大学,2021.

[234] 张明,陈改,韩梅,等.全纳教育教师职业使命感对工作幸福感的影响:自我效能感的中介效应[J].心理与行为研究,2020,18(2):248-254.

[235] 张宁俊,袁梦莎,付春香,等.差错管理氛围与员工创新行为的关系研究[J].科研管理,2015,36(S1):94-101.

[236] 张万强.师范生职业使命感和生活满意度的关系研究:自我同一性的中介作用[D].长沙:湖南师范大学,2017.

[237] 张文,张先庚,李鑫,等.高职护理实习生领悟社会支持与职业使命感相关性研究[J].成都医学院学报,2021,16(6):794-797.

[238] 张亚琨.员工心理资本对其组织公民行为的影响[D].昆明:云南财经大学,2018.

[239] 赵荣芬.企业技能人才培养存在的主要问题及对策[J].人力资源管

理,2014(5):123-123.

[240] 赵小云.感召及其相关研究[J].心理科学进展,2011,19(11):1684-1691.

[241] 赵小云.王静.幼儿教师的职业使命感与工作绩效的关系:组织承诺的中介作用[J].教师教育研究,2016,28(6):59-64.

[242] 赵小云,薛桂英,郭成.煤炭企业员工的职业使命感与工作负荷、工作满意度的关系[J].中国心理卫生杂志,2016,30(1):64-69.

[243] 支玲玲.人-组织匹配研究综述[J].商品与质量,2012(S8):18.

[244] 周娟.团队内竞争感知与知识隐藏:知识心理所有权的中介作用和咨询网络结构的调节作用[D].杭州:浙江财经大学,2020.

[245] 周晓雪,叶龙,杨征.新时代技能人才创造力的形成路径:职业使命感视角[J].科学管理研究,2019,37(6):131-136.

[246] 朱越,秦绪宝,刘映彤,等.职业使命感与创新绩效的关系:双重调节的中介模型[J].人力资源管理评论,2019(2):51-67.